"十二五"普通高等教育电气信息类实验规划教材

数字电子技术实验教程

第 二 版

周 敏 主 编

朱湘临 蒋 彦 副主编

高 平 主 审

化学工业出版社

·北京·

本书是数字电子技术的配套实验教程,可作为高等学校电气信息类、电子信息类的本科生实验教程,其他相近专业也可以参考使用。

全书的内容分上、下两篇。上篇是数字电子技术实验部分,在内容的选择上侧重基础实验,以培养学生的基本实验技能。同时辅以少量的综合实验,用来提高学生综合解决问题的能力。下篇是数字电子技术仿真实验部分,目的是使学生能够熟练掌握仿真软件 Multisim 在数字电路中的应用,书中所用的仿真实例均在 Multisim 11 中调试运行过。

图书在版编目(CIP)数据

数字电子技术实验教程/周敏主编. —2 版. —北京:化学工业出版社,2014.1(2024.2 重印)

"十二五"普通高等教育电气信息类实验规划教材

ISBN 978-7-122-19324-7

Ⅰ.①数⋯ Ⅱ.①周⋯ Ⅲ.①数字电路-电子技术-实验-高等学校-教材 Ⅳ.①TN79-33

中国版本图书馆 CIP 数据核字(2013)第 305331 号

责任编辑:郝英华　　　　　　　　装帧设计:刘丽华
责任校对:吴　静

出版发行:化学工业出版社(北京市东城区青年湖南街 13 号　邮政编码 100011)
印　　装:北京虎彩文化传播有限公司
787mm×1092mm　1/16　印张 7¾　字数 176 千字　2024 年 2 月北京第 2 版第 11 次印刷

购书咨询:010-64518888　　　　　　售后服务:010-64518899
网　　址:http://www.cip.com.cn
凡购买本书,如有缺损质量问题,本社销售中心负责调换。

定　　价:23.00 元　　　　　　　　　　　　　　　　版权所有　违者必究

　　本书是为数字电子技术课程编写的配套实验教程。数字电子技术是高等工科院校的重要专业基础课之一，实验则是该课程的一个重要环节。通过这一实践性教学环节，不仅可以巩固和加深对理论知识的理解，更重要的是训练学生的实验技能，培养学生独立思考和勇于创新的精神。

　　本书的内容分上、下两篇。上篇是数字电子技术实验部分，介绍了数字电路实验的基本知识、基础实验和综合设计性实验。基础实验包括集成逻辑门电路参数的测试、集电极开路门及三态门电路的应用、组合逻辑电路的设计、时序逻辑电路的设计等。实验的要求与理论教学内容一致，每个实验还安排了思考题，进一步拓展学生的思维。综合设计实验包括彩灯循环控制电路设计、多路智力抢答器的设计等。需要学生将所学知识融会贯通，可全面提升学生分析问题、解决问题的能力。下篇是数字电子技术仿真实验部分。考虑到计算机仿真在电子电路的分析与设计中日渐重要，本书引入了常用的仿真工具 Multisim 软件，介绍了 Multisim 11 在数字电子技术中的应用，给出了数字电路的仿真实例，使学生能快速掌握用 Multisim 仿真分析数字电路的一般方法和步骤。

　　本书由江苏大学周敏担任主编，朱湘临、蒋彦担任副主编。周晓霞、严雪萍、刘叶飞、朱爱国参与了编写工作。高平担任本书的主审，提出了很多宝贵意见，在此表示衷心的感谢。

　　限于编者的水平，书中难免出现不足之处，恳请各位读者予以批评指正。

编　者
2013 年 12 月

上篇　数字电子技术实验

1

第 1 章

实验基础知识

2

第 2 章

数字电子技术基础实验

第 3 章

数字电子技术综合实验

下篇　数字电子技术仿真实验

第 4 章
Multisim 在数字电子技术中的应用

第 5 章
Multisim 11 综合仿真实例

参考文献

上篇 数字电子技术实验

第1章 实验基础知识

1.1 实验目的与意义

数字电子技术实验是实践性很强的课程，它的任务是使学生获得数字电子技术基本理论和基本实验技能，培养学生分析问题和解决问题的能力，养成认真严谨、实事求是的工作态度，为今后的综合设计奠定扎实的基础。

1.2 实验要求

为了保证实验的顺利完成，对学生有如下的要求。

（1）实验前

认真复习有关的理论知识，阅读实验教材，了解实验目的、实验原理及实验内容，预习实验中所用仪器的性能和使用方法，初步估算实验结果并写出预习报告。

（2）实验过程中

① 进入实验室要遵守实验室各项规章制度。

② 按实验步骤认真接线，合理布局。按操作规程正确使用仪器设备。

③ 在实验过程中如果发生问题，或仪器设备发生故障，应该立即切断电源，然后冷静分析问题所在，在指导老师的帮助下解决问题，排除故障。

④ 实验中要认真记录实验数据和结果，实验结束时将实验记录送交指导老师审阅签字。

⑤ 离开实验室时要将实验台整理好，切断所有仪器设备的电源。

（3）实验后

根据实验中测得的数据，认真撰写实验报告。实验报告的具体要求如下。

① 实验报告要用规定的实验报告纸书写。

② 实验报告要书写工整、布局合理。

③ 实验内容要齐全，应包括实验目的、实验原理、实验电路、实验所需仪器设备及器件、测试数据、实验结果、问题分析及体会。

1.3 数字集成电路概述

1.3.1 数字集成电路的分类及特点

数字集成电路诞生于 20 世纪 60 年代，经过几十年的发展，数字集成电路几经更新换代，已经形成了多种系列产品并存发展的局面。数字集成电路分为两大类。第一类是双极型 TTL，一条是沿着 74→74LS→74ALS 系列向低功耗、高速度发展，另一条是沿着 74H→74S→74AS 的高速化发展，还有 ECL 沿着 10K→100K 系列向超高速化发展。第二类属于单极型，即 CMOS 类型为主，沿着 4000A→4000B/4500B→74HC 系列向高速化发展，同时又保持了低功耗的优点。

（1）TTL 类型

TTL 集成电路是以双极型晶体管为元件，输入极采用多发射极晶体管形式，开关放大电路也都是由晶体管构成的。在速度和功耗方面，都处于现代数字集成电路的中等水平。

① 74LS 系列。74LS 系列是现代 TTL 类型中的主要应用产品，也是逻辑 IC 的重点产品之一，它的品种丰富，价格低廉，是目前使用较多的主流产品。

② 74S 系列。74S 系列是 TTL 的高速型，它的品种比 74LS 系列少，它的功耗比 74LS 型大得多，但其速度比较快。

③ 74ALS 系列。74ALS 系列集成电路的主要优点是速度快，功耗比 74LS 系列低，是 74LS 系列的后续产品。74ALS 系列的特性和 74LS 系列近似，单价较高，品种也比较少。

④ 74AS 系列。74AS 系列是 74S 系列的后继产品，其速度和功耗都有所改进。

（2）CMOS 类型

CMOS 器件是用 MOS-FET 作为开关元件，构成互补型电路，属于单极型 IC。主要产品系列有 4000A-4000B/4500B，40H，74HC，74AC。CMOS 产品的主要特点如下。

① 静态功耗很低。一般中规模集成电路的静态功耗小于 100mW。

② 电源电压范围宽。一般工作电压在 3～18V 之间。

③ 输入阻抗非常高。正常工作时，输入阻抗可达 100MΩ 以上。

④ 品种多而齐全。

⑤ 扇出能力强。低频工作时，可驱动 50 个以上的 CMOS 器件输入端。

⑥ 抗干扰容限大。电压噪声容限可达电源电压的 45%。

⑦ CMOS 集成电路的速度比较低。

TTL 产品和 CMOS 产品应用非常广泛，具体性能指标可以查阅 TTL、CMOS 集成电路手册。

1.3.2 数字集成电路选择原则

TTL 型和 CMOS 型是常用数字集成电路器件，它们各有特点。TTL 电路的速度高，超高速 TTL 电路的平均传输时间约为 10 ns，中速 TTL 电路的传输时间也有 50 ns。CMOS 电路的速度慢于 TTL 电路的速度，但是 CMOS 电路的功耗低，输出电压幅度可调范围大，抗干扰能力也比 TTL 电路强。TTL 电路的输出电流比 CMOS 电路的大。一般情况下；当要求速度高时，多选用 TTL 器件；当要求低功耗时，多选用 CMOS 器件。集成电路常用的封装形式有 3 种，即双列直插式、扁平式和直立式，通常选用双列直插式。其他则根据特殊需要而选择器件，如表 1-3-1 所示。

表 1-3-1　CMOS、TTL 器件选用原则

器 件 性 能 要 求			选用器件种类
工作频率 f / MHz	功耗 P	其　他	
≤5		使用方便、成本低、耐用	肖特基低功耗 TTL
≥30			高速 TTL
≤1	小	输入阻抗高、抗干扰能力强	普通 CMOS
1~30	小	输入阻抗高、抗干扰能力强	高速 CMOS

1.3.3 使用 TTL、CMOS 集成电路的注意事项

（1）使用 TTL 电路的注意事项

① TTL 集成电路的标准电源电压为 5V，使用时电源电压不能高于 5.5V。不能将电源与地颠倒错接，否则将会因为电流过大而烧毁器件。

② 电路的各输入端不能直接与高于 5.5V 或低于 -0.5V 的低内阻电源相连，因为低内阻电源能提供较大的电流，从而导致器件过热而损坏。

③ 除三态门和集电极开路的电路外，输出端不允许并联使用。

④ 输出端不允许与电源和地短接，但可以通过电阻与电源相连，提高输出电平。

⑤ 在电源接通时，不要移动或插入集成电路。因为电流的冲击可能造成芯片损坏。

⑥ 多余的输入端最好不要悬空，因为悬空容易受干扰。有时会造成误操作，因此，多余输入端要根据需要处理。如与门、与非门的多余输入端可接到正电源，也可以将多余输入端和使用端并联使用。不用的或门、或非门的输入端可以直接接地或与使用端并联使用。触发器不使用的输入端也不能悬空，应该根据逻辑功能接入电平，输入端连线应该尽量短，这样可以缩短时序电路中时钟信号沿传输线传输的延迟时间。一般不允许触发器的输出端直接

驱动指示灯、电感负载和长线传输，需要时加缓冲器。

（2）使用 CMOS 集成电路时的注意事项

CMOS 电路由于输入电阻很高，因此极易接受静电电荷，为了防止静电击穿，生产 CMOS 电路时输入端都加了标准保护电路。但这并不能保证绝对安全，因此，使用 CMOS 电路时必须注意以下内容。

① 存放 CMOS 集成电路时要采用金属屏蔽盒储存或金属纸包装，防止外来感应电压击穿器件。

② 焊接 CMOS 电路时，一般用 20 W 内热式电烙铁，而且电烙铁应该有良好的接地线。禁止在电路接通电时焊接。

③ COMS 电路的输入端不能短路，否则会造成 CMOS 管的损坏。

④ 为了防止输入端保护二极管因正向偏置而引起损坏，输入电压必须处于 V_{DD} 与 V_{SS} 之间。

⑤ 在调试 COMS 电路时，应该先接通电源，后加入输入信号，即在 CMOS 电路本身没有接通电源的情况下，不允许有信号输入。

⑥ 多余输入端绝对不能悬空，否则不但容易接受外界噪声干扰，破坏正常的逻辑关系，也消耗功率。因此，应该根据电路的逻辑功能需要，对输入悬空端加以处理。例如，与门和与非门的多余输入端应接到高电平或正电源，如果电路的工作速度不高，不需要特别考虑功率时，也可以将多余的输入端和使用端并联使用。

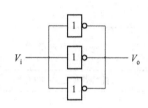

图 1-3-1 反向器的并联

⑦ 严禁带电插拔器件，以免瞬态电压损坏 CMOS 器件。

⑧ CMOS 电路的工作电流比较小，其输出端一般只能驱动一级晶体管，如果需要驱动比较大的负载时，最简单的方法是在输出端并联接入几个非门，而且必须在同一芯片上。如图 1-3-1 所示。

1.3.4 集成电路命名方法

（1）国内命名方法

器件型号由五部分组成：第一部分由字母表示国家标准；第二部分由字母表示器件的类型；第三部分由阿拉伯数字表示器件的系列和品种代号；第四部分由字母表示器件的工作温度范围；第五部分由字母表示器件的封装形式。各部分符号及其意义如表 1-3-2 所示。

表 1-3-2　集成电路符号及其意义

第一部分		第二部分		第三部分	第四部分		第五部分	
符号	含义	符号	含义	阿拉伯数字	符号	含义	符号	含义
C	中国	T	TTL	阿拉伯数字	C	0～70℃	W	陶瓷扁平
		H	HTL		E	−40～85℃	B	塑料扁平
		E	ECL		R	−55～85℃	F	全密封扁平
		C	CMOS		M	−55～125℃	D	陶瓷直插

续表

第一部分		第二部分		第三部分	第四部分		第五部分	
符号	含义	符号	含义	阿拉伯数字	符号	含义	符号	含义
		F	线性放大器				P	塑料直插
		D	电视电路				J	黑陶瓷直插
		W	稳压器				K	金属菱形
		J	接口电路				T	金属圆形
		B	非线性电路					
		M	存储器					

例如：

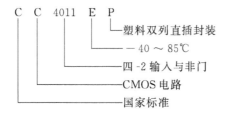

$$C\ C\ 4011\ E\ P$$

- 塑料双列直插封装
- — 40 ~ 85℃
- 四 -2 输入与非门
- CMOS 电路
- 国家标准

（2）国外命名方法

美国德克萨斯公司

$$\underset{①}{SN}\ \underset{②}{\times\times}\ \underset{③}{\times\times}\ \underset{④}{\times\times}\ \underset{⑤}{\times}$$

其中，各部分的含义如下。

① 德克萨斯公司标准电路。

② 工作温度范围。54 系列——－55～125℃；74 系列——0～70℃。

③ 系列。ALS——先进的低功耗肖特基系列；LS——低功耗肖特基系列；S——肖特基系列。

④ 品种代号。

⑤ 封装形式。J——陶瓷双列直插；N——塑料双列直插；T——金属扁平；W——陶瓷扁平。

美国摩托罗拉公司

$$\underset{①}{MC}\ \underset{②}{\times\times}\ \underset{③}{\times\times}\ \underset{④}{\times}$$

其中，各部分的含义如下。

① 摩托罗拉公司标准电路。

② 工作温度范围。4，20，30，72，74，83——0～75℃。5，21，31，43，82，54，93——－55～125℃。

③ 品种代号。

④ 封装形式。L——陶瓷双列直插；P——塑料双列直插；F——陶瓷扁平。

日本日立公司

$$\underset{①}{\underline{HD}}\quad\underset{②}{\underline{××}}\quad\underset{③}{\underline{××}}\quad\underset{④}{\underline{××}}\quad\underset{⑤}{\underline{×}}$$

其中，各部分的含义如下。

① 日立公司标准电路。

② 工作温度范围。74——－20～75℃。

③ 系列。空白——标准系列；LS——低功耗肖特基系列；S——肖特基系列。

④ 品种代号。

⑤ 封装形式。空白——玻璃-陶瓷双列直插；P——塑料双列直插。

第 2 章 数字电子技术基础实验

2.1 实验一 集成逻辑门电路参数的测试

2.1.1 实验目的

① 熟悉 TTL 与非门和 CMOS 与非门的引脚排列及引脚功能。

② 掌握 TTL 与非门和 CMOS 与非门参数的测量方法及物理意义。

2.1.2 实验原理

在实际应用电路中，经常用到门电路。而门电路参数会影响到整体电路工作的可靠性。

本实验选择经常用到的 TTL 与非门 74LS00 和 CMOS 与非门 CC4011。74LS00 和 CC4011 都是四 2 输入与非门，其引脚排列图如图 2-1-1 所示。

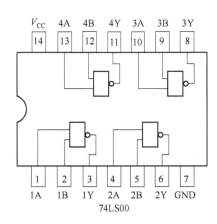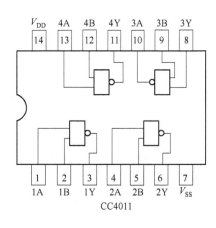

图 2-1-1 74LS00、CC4011 引脚排列

与非门的参数分为静态参数和动态参数两种。静态参数指电路处于稳定的逻辑状态下测得的参数，动态参数指逻辑状态转换过程中测得的与时间有关的参数。

TTL 与非门的主要参数如下。

① 输入短路电流 I_{IS}。在 TTL 与非门的输入特性曲线上，当输入电压为 0 时，此时的输入电流就称为输入短路电流。

② 输入漏电流 I_{IH}。在 TTL 与非门的输入特性曲线上，当输入电压上升到 1.5V 以后，

输入电流基本保持恒定值不变，称为输入高电平电流，又称为输入漏电流。

③ 输出高电平 V_{OH}。一般情况 $V_{OH} \geqslant 2.4\text{V}$。

④ 输出低电平 V_{OL}。一般情况 $V_{OL} \leqslant 0.4\text{V}$。

⑤ 扇出系数 N_O。正常工作时，一个门电路能驱动与其同类门的个数。它标志着一个门电路的带负载能力。与非门带同类负载时，最大负载电流是发生在输出低电平时，因此扇出系数的表达式为：

$$N_O = \frac{I_{OL(\max)}}{I_{IS}}$$

式中，$I_{OL(\max)}$ 为保证输出低电平所允许的最大灌电流；I_{IS} 为一个负载门的输入短路电流。

⑥ 开门电平 V_{ON} 和关门电平 V_{OFF}。使输出电压 V_O 刚刚达到低电平 V_{OL} 时的最低输入电压称为开门电平 V_{ON}。使输出电压 V_O 刚刚达到高电平 V_{OH} 时的最高输入电压称为关门电平 V_{OFF}。

⑦ 电压传输特性曲线。输出电压随输入电压变化的关系曲线如图 2-1-2 所示。它能够充分显示与非门的逻辑关系，当输入为低电平时，输出为高电平。当输入为高电平时，输出为低电平。在曲线上可以清楚地读出 V_{OH}，V_{OL}，V_{ON}，V_{OFF}。

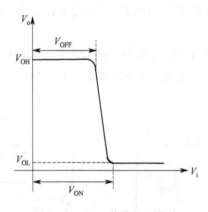

图 2-1-2　电压传输特性曲线

⑧ 空载导通功耗 P_{ON}。将与非门的输入端全部接高电平，输出为低电平且不带负载时的功率损耗。

⑨ 空载截止功耗 P_{OFF}。将与非门的输入端接低电平，输出为高电平且不带负载时的功率损耗。

⑩ 平均传输延迟时间 t_{pd}：传输延迟时间是 TTL 与非门的动态特性。由于晶体管内部存储电荷的积累和消散都需要时间，而且二极管、晶体管等元器件都有寄生电容存在，从而使输出电压波形总比输入电压的波形滞后一定的时间，因此造成传输延迟。如图 2-1-3 所示。

平均传输延迟时间为：

$$t_{pd} = \frac{t_{PHL} + t_{PLH}}{2}。$$

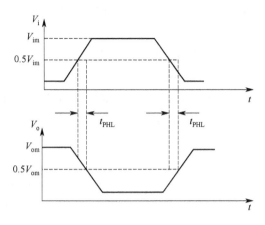

图 2-1-3 平均延迟时间 t_{pd}

由于 TTL 门电路的延迟时间较小,直接测量时对函数信号发生器和示波器的性能要求比较高,因此实验中采用环形振荡器来测量 t_{pd},即将奇数个与非门首尾相连组成图 2-1-12 所示的环形振荡器:

$$t_{pd} \approx \frac{T}{2N}$$

式中,N 为与非门电路的个数;T 为环形振荡器输出信号的振荡周期。

CMOS 电路参数的意义及测试方法与 TTL 电路参数的意义及测试方法基本相同,这里不再叙述。

2.1.3 实验内容

(1) TTL 与非门参数测试 (74LS00)

① 输入短路电流 I_{IS}。将与非门的一个输入端接地,其他输入端悬空时,流过该接地输入端的电流就是输入短路电流。测试方法如图 2-1-4 所示。

② 输入漏电流 I_{IH}。将与非门的一个输入端接高电平,另一个输入端接低电平时,流过高电平输入端的电流就是输入漏电流。测试方法如图 2-1-5 所示。

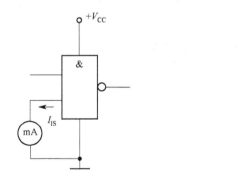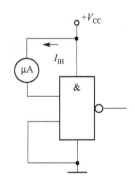

图 2-1-4 输入短路电流 I_{IS} 测试电路   图 2-1-5 输入漏电流 I_{IH} 测试电路

③ 输出高电平 V_{OH}。输出不接负载,当有一输入端为低电平时电路的输出电压值。测量方法如图 2-1-6 所示。

④ 输出低电平 V_{OL}。输出不接负载,当所有输入端都接高电平时电路的输出电压值。测量方法如图 2-1-7 所示。

⑤ 空载导通功耗 P_{ON}。$P_{ON} = I_{CCL} \times V_{CC}$,其中 I_{CCL} 为空载导通电源电流,V_{CC} 为电源电压(+5V)。测试方法如图 2-1-8 所示。

⑥ 空载截止功耗 P_{OFF}。$P_{OFF} = I_{CCH} \times V_{CC}$,其中 I_{CCH} 为空载截止电源电流,V_{CC} 为电源电压(+5V)。测试方法如图 2-1-9 所示。

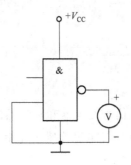

图 2-1-6　输出高电平 V_{OH} 测试方法

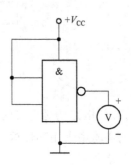

图 2-1-7　输出低电平 V_{OL} 测试方法

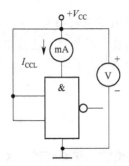

图 2-1-8　空载导通功耗 P_{ON} 测试方法

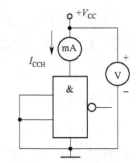

图 2-1-9　空载截止功耗 P_{OFF} 测试方法

⑦ 电压传输特性。与非门输出电压随输入电压的变化曲线即为电压传输特性 $V_O = f(V_i)$,电压传输特性反映了与非门的逻辑关系。测试方法如图 2-1-10 所示,自拟测量数据,填入表 2-1-1,并画出特性曲线。

表 2-1-1　TTL 与非门电压传输特性

V_1/V										
V_2/V										

⑧ 扇出系数 N_0。公式为:

$$N_0 = \frac{I_{OL(max)}}{I_{IS}}$$

式中,$I_{OL(max)}$ 为 $V_{OL} \leqslant 0.35V$ 时准许灌入的最大灌入负载电流;I_{IS} 为输入短路电流。

扇出系数 N_0 的测试方法如图 2-1-11 所示。输入端悬空,接通电源,调节 1kΩ 电位器,使电压表读数为 0.35V,读出此时电流的数值 $I_{OL(max)}$,按公式求出 N_0。

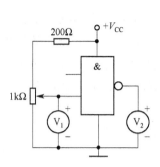

图 2-1-10　TTL 与非门电压传输特性测试电路

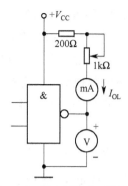

图 2-1-11　扇出系数 N_0 测试电路

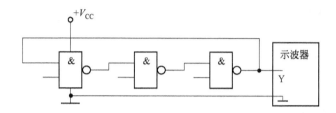

图 2-1-12　用环形振荡器测量 t_{pd}

⑨ 平均传输延迟时间 t_{pd}。这里采用 3 个与非门构成环形振荡器，如图 2-1-12 所示，输出端可接示波器或频率计来测量周期。假设每一个与非门的延迟时间都相等，3 个与非门构成的环形振荡器的周期为 $T=6t_{pd}$，则 $t_{pd}=\dfrac{T}{6}$。

74LS00 的主要性能参数如表 2-1-2 所示。

表 2-1-2　74LS00 主要性能参数

参数名称	符号	单位	测试条件	规范值
输出高电平	V_{OH}	V	$V_i=0.8V, I_{OH}=0.4mA$	≥2.4
输出低电平	V_{OL}	V	$V_i=2.0V, I_{OL}=4.0mA$	≤0.4
输出高电平电流	I_{OH}	mA	$V_i=0.8V, I_{OH}=2.7mA$	≤0.4
输出低电平电流	I_{OL}	mA	$V_i=2.0V, I_{OL}=0.5mA$	≥8
输入短路电流	I_{IS}	mA	$V_i=0V$	≤0.4
输入漏电流	I_{IH}	μA	$V_i=5V$	≤20
输出高电平时电源电流	I_{CCH}	mA		≤1.6
输出低电平时电源电流	I_{CCL}	mA		≤4.4
开门电平	V_{ON}	V		≤1.8
关门电平	V_{OFF}	V		≥0.8
传输延迟时间	t_{pd}	ns		≤30
扇出系数	N_0			≥8

（2）COMS 与非门参数测试（CC4011）

CMOS 器件的特性参数也有静态和动态之分，测试 CMOS 器件静态参数的电路与测量 TTL 器件静态参数的电路基本相同，只是要注意 CMOS 器件和 TTL 器件的使用规则不一样，对各管脚的处理要符合逻辑关系。另外，CMOS 器件的 I_{CCL} 及 I_{CCH} 的值非常小，仅为几微安，为保证输出开路的条件，输出端使用的测量表的内阻应该足够大，一般使用数字表。

自拟测试方法和步骤，对 CMOS 集成门电路的参数进行测试。

2.1.4　实验设备与元器件

① YB02－8 电工电子综合实验箱；

② 函数信号发生器；

③ 双踪示波器；

④ 万用表；

⑤ 集成门电路 74LS00、CC4011。

2.1.5　思考题

① 如何识别集成芯片的外引脚？

② TTL 门电路的输入端若悬空不接信号，会怎样？

③ CMOS 电路的输入端能否悬空？能否用图 2-1-12 中的电路来测试 CC4011 的 t_{pd}？

2.1.6　实验报告要求

① 记录实验所测数据，对结果进行分析，并与器件规范值比较。

② 画出电压传输特性曲线。

③ 计算平均传输延迟时间 t_{pd}。

2.2　实验二　集电极开路门及三态门电路的应用 <<<<

2.2.1　实验目的

① 熟悉 TTL 集电极开路门（OC 门）、三态输出门（TSL 门）的逻辑功能和使用方法。

② 掌握集电极负载电阻 R_L 对 OC 门电路输出的影响。

③ 掌握三态输出门构成总线的特点及方法。

2.2.2　实验原理

（1）集电极开路门（OC 门）

在数字系统中，有时需要将两个或两个以上集成逻辑门的输出端相连，从而实现输出相与（线与）的功能，这样在使用门电路组合各种逻辑电路时，可以很大程度地简化电路。由于推拉式输出结构的 TTL 门电路不允许将不同逻辑门的输出端直接并接使用，为使 TTL 门电路实现"线与"功能，常把电路中的输出级改为集电极开路结构，简称 OC（Open Collector）结构。

图 2-2-1 所示为典型的 54/74 系列集电极开路与非门的电路结构和逻辑符号。

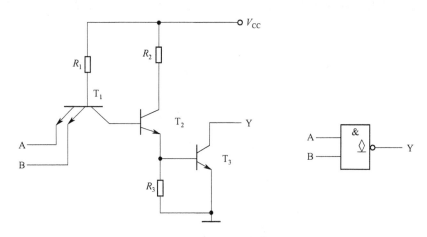

图 2-2-1　集电极开路与非门的电路结构和逻辑符号

从图 2-2-1 可见，集电极开路门电路与推拉式输出结构的 TTL 门电路区别在于：当输出三极管 T_3 管截止时，OC 门的输出端 Y 处于高阻状态，而推拉式输出结构 TTL 门的输出为高电平。所以实际应用时，若希望 T_3 管截止时 OC 门也能输出高电平，必须在输出端外接上拉电阻 R_L 至电源 V'_{CC}，如图 2-2-2 所示。电阻 R_L 和电源 V'_{CC} 的数值选择必须保证 OC 门输出的高、低电平符合后级电路的逻辑要求，同时 T_3 的灌电流负载不能过大，以免造成 OC 门受损。

假设 n 个 OC 门的输出端并联"线与"，负载是 m 个 TTL 与非门的输入端，为了保证 OC 门的输出电平符合逻辑要求，OC 门外接上拉电阻 R_L 的数值应介于 R_{Lmax} 与 R_{Lmin} 所规定的范围值之间。其中：

上拉电阻最大值
$$R_{Lmax} = \frac{V'_{CC} - V_{OHmin}}{nI_{OH} + mI_{IH}}$$

上拉电阻最小值
$$R_{Lmin} = \frac{V'_{CC} - V_{OLmax}}{I_{OLmax} - m'I_{IL}}$$

R_L 值不能选得过大，否则 OC 门的输出高电平可能小于 V_{OHmin}；R_L 值也不可太小，否则 OC 门输出低电平时的灌电流可能超过最大允许的负载电流 I_{OLmax}。

式中　V_{OHmin}——OC 门线与输出为高电平时所允许的最小值；

　　　V_{OLmax}——OC 门线与输出为低电平时所允许的最大值；

　　　V'_{CC}——负载电阻 R_L 所接的外接电源电压；

　　　m——接入电路的负载门输入端个数；

　　　n——"线与"输出的 OC 门的个数；

　　　m'——负载门的个数；

I_{IH}——负载门高电平输入电流；

I_{IL}——负载门低电平输入电流；

I_{OLmax}——OC门导通时输出端允许的最大灌电流；

I_{OH}——OC门输出截止时的漏电流。

OC门电路应用范围较广泛，利用电路的"线与"特性，可以方便地实现某些特定的逻辑功能，例如，把两个或两个以上OC结构的与非门"线与"可完成"与或非"的逻辑功能。如图2-2-2所示。

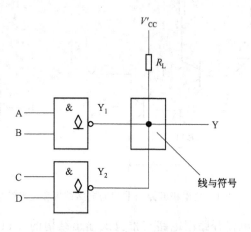

图 2-2-2   OC门实现"线与"功能

图中 R_L 为外接负载，V'_{CC} 为外接电源。$Y_1 = \overline{AB}$，$Y_2 = \overline{CD}$；$Y = Y_1 \cdot Y_2 = \overline{AB} \cdot \overline{CD} = \overline{AB + CD}$。即OC门的输出端并联，实现线与功能。此外，OC门还可以用于高压驱动器、译码驱动器等多种逻辑器件的输出以及电平转换电路。

集电极开路的TTL与非门集成电路有74LS01、74LS03、74LS12等。本实验所采用的为四2输入与非门74LS03，电路结构及引脚排列如图2-2-3所示。

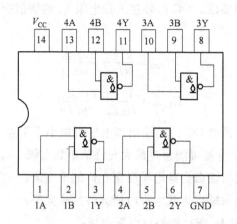

图 2-2-3   74LS03的电路结构及引脚排列

（2）三态输出门（TSL门）

在数字系统中，为了使各逻辑部件在总线上能相互分时传输信号，就必须有三态输出逻辑门电路，简称三态门（Three State Logic 门）。所谓三态门，即其输出不仅有高电平和低电平两种状态，还有第三种状态——高阻输出状态。

三态门的电路结构是在普通门电路的基础上，附加使能控制端和控制电路构成的。图 2-2-4 为三态与非门的电路结构和逻辑符号。图 2-2-4（a）是使能端高电平有效的三态与非门，图中 EN 是三态使能控制端，高电平有效。当 EN＝1 时，二极管 D_1 截止，电路处于正常的与非门工作状态，$Y＝\overline{AB}$；当 EN＝0 时，二极管 D_1 导通，T_3、T_4 都处于截止状态，故输出端呈高阻状态。在数字系统中，当某一逻辑器件被置于高阻状态时，就等于把这个器件从系统中除去，而与系统之间互不产生任何影响。图 2-2-4（b）是使能端低电平有效的三态与非门，原理同上。

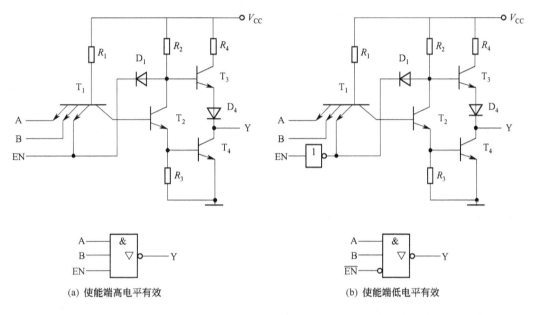

(a) 使能端高电平有效　　　　　　　　　　　　(b) 使能端低电平有效

图 2-2-4　TTL 三态与非门的电路结构及其逻辑符号

在数字系统中，为了能在同一条线路上分时传递若干个门电路的输出信号，减少各个单元电路之间连线数目，常采用总线结构。

如图 2-2-5 所示就是利用三态门构成的总线系统示意图。只要在工作时控制各个三态门的 $\overline{EN}$ 端轮流有效，且在任何时刻仅有一个有效，就可以把 A_1，A_2，…，A_n。信号分时轮流通过总线进行传送。

本实验采用的三态门为 74LS125 三态输出四总线同相缓冲器，图 2-2-6 为 74LS125 的引脚排列图，表 2-2-1 为其功能表。

从表 2-2-1 中可看出，在三态使能端 $\overline{EN}$ 的控制下，输出端 Y 有三种可能出现的状态：高电平、低电平、高阻态。当 $\overline{EN}＝``1"$ 时，电路输出 Y 呈现高阻状态；当 $\overline{EN}＝``0"$ 时，实现 Y＝A 的逻辑功能，即 $\overline{EN}$ 为低电平有效。

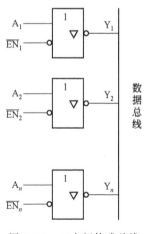

图 2-2-5　三态门构成总线
系统示意图

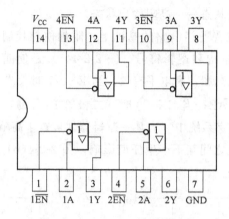

图 2-2-6　74LS125 引脚排列图

表 2-2-1　三态门功能表

输　　入		输　　出
$\overline{\text{EN}}$	A	Y
0	0	0
0	1	1
1	0	高阻态
1	1	高阻态

2.2.3　实验内容

（1）OC 门的应用

① TTL 集电极开路与非门 74LS03 的负载电阻 R_L 的确定。

OC 门"线与"的逻辑电路如图 2-2-7 所示，用两个集电极开路与非门"线与"后驱动一个 TTL 非门。试用实验方法确定 R_{Lmax} 和 R_{Lmin} 的阻值，并和理论计算值相比较（计算时可取 $V_{OHmin}=3.0\text{V}$，$V_{OLmax}=0.4\text{V}$，$I_{IH}=40\mu\text{A}$，$I_{IL}=1\text{mA}$，$I_{OH}=50\mu\text{A}$，$I_{OLmax}=16\text{mA}$）。

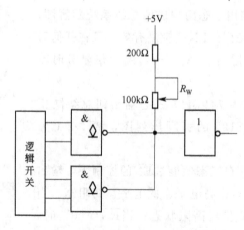

图 2-2-7　OC 门"线与"逻辑电路

按图连线，负载电阻 R_L 用一只 200Ω 电阻和 100kΩ 电位器串联而成。拨动逻辑开关，使 OC 门输出高电平，调节 R_W，使 $V_{OH}=3.0V$，测出此时的 R_W 值即为 R_{Lmax}；同样的，使 OC 门输出低电平，调节 R_W，使 $V_{OL}=0.4V$，测出此时的 R_W 值即为 R_{Lmin}。将结果填入表 2-2-2 中。

表 2-2-2 负载电阻 R_L 的测定

负载电阻		理论值/Ω	测量值/Ω
R_L	R_{Lmax}		
	R_{Lmin}		

② 用 74LS03 OC 门电路实现函数：$F=\overline{AB+CD+EF}$。画出电路原理图，按图连接电路，验证逻辑功能。

③ 用 OC 门电路作 TTL→CMOS 电路接口的研究，实现电平转换。

a. 按图 2-2-8 接线，在电路输入端加不同的逻辑电平值，用万用表测量与非门输出端 C 端、OC 门输出端 D 端及 CMOS 输出端 Y 端的电压值。将测量结果填入表 2-2-3 中。

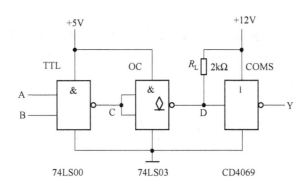

图 2-2-8 OC 门实现电平转换电路图

表 2-2-3 电平转换测试数据表

输 入		V_C/V	V_D/V	V_Y/V
A	B			
0	0			
0	1			
1	0			
1	1			

b. 在电路输入端加 10kHz 的方波信号，用示波器观察 C，D，Y 各点的波形，并记录。

(2) 三态输出门

① 验证 74LS125 三态输出门的逻辑功能。将三态门输入端接逻辑开关，使能端 $\overline{EN}$ 接单次脉冲源，输出端接上 LED 指示器，按表 2-2-1 逐项测试其逻辑功能。

② 试用 74LS125 实现总线传输。实验电路原理如图 2-2-9 所示。先将三态门的使能端都接高电平 "1"，观察 Y 端输出；然后分别将使能端接低电平 "0"，观察总线的逻辑状态。

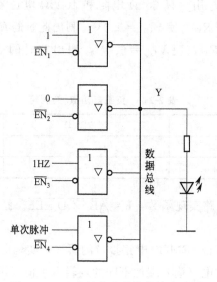

图 2-2-9　三态门实现总线传输电路图

实验注意事项：

a. 在进行 OC 门线与实验时，一定要先计算出 R_L 值，再继续实验；

b. 在做电平转换实验时，不能将 OC 门的工作电源接到 12V 上，以免烧坏器件；

c. 在做三态门实现总线实验时，四个三态门的使能端，不能有一个以上同时加低电平，否则会使电路出错；

d. CMOS 集成电路的多余输入端不能悬空，否则会引入干扰导致电路输出状态不确定。

2.2.4　实验设备与元器件

① YB02－8 电工电子综合实验箱；

② 函数信号发生器；

③ 双踪示波器；

④ 万用表；

⑤ 集成芯片 74LS03，74LS125，74LS04，74LS00，CD4069 等。

2.2.5　思考题

① 如果 OC 门负载电阻 R_L 的阻值超出 $R_{Lmin} \sim R_{Lmax}$ 范围对电路有何影响？

② CMOS 门电路在什么条件下可直接驱动 TTL 门电路？

③ 三态门输出有哪三种状态，其中哪种状态具有隔离作用？

2.2.6　实验报告要求

① 画出电路连线图，并标明有关外接元件值。

② 整理实验数据，分析实验结果，按要求填写表格。

2.3 实验三 门电路及组合逻辑电路的设计

2.3.1 实验目的

① 熟悉基本门电路的逻辑功能。
② 掌握常用的 TTL 集成电路的外引脚排列及其使用方法。
③ 掌握组合逻辑电路的设计方法。
④ 学会用实验验证所设计电路的逻辑功能。

2.3.2 实验原理

数字逻辑电路根据逻辑功能的不同特点分为两大类：一类是组合逻辑电路；另一类是时序逻辑电路。组合逻辑电路在任何时刻的输出仅取决于该时刻的输入，而与电路的原状态无关。时序逻辑电路的输出不仅与当时的输入有关，还与其输出的原状态有关，即具有记忆功能。

组合逻辑电路的设计就是根据实际给出的逻辑问题，设计出实现该功能的最佳电路。

组合电路由门电路构成，门电路是数字电路的基本逻辑单元。常用的门电路有与门、或门、非门、与非门、或非门、与或非门等。

设计组合电路时，由于所设计的电路功能、复杂程度不同，所需的门电路从几个、几十个到数百个甚至更多。所以，我们应该根据所需设计电路的复杂程度，综合考虑用途、成本等因素，选择不同的设计方法，主要包括以下几种情况：

用 SSI——小规模集成电路（门电路）实现；

用 MSI——中规模集成电路（数据选择器、译码器、编码器等）实现；

用 LSI——大规模集成电路（存储器、可编程逻辑器件等）实现。

本次实验就是使用 SSI 来完成设计任务。通常小规模集成电路（SSI）是指每个芯片中只有十几个门以下的集成电路。目前广泛使用的有 TTL 集成门电路和 COMS 集成门电路，考虑到 TTL 逻辑门的工作速度快、抗静电能力较强、不易损坏等特点，比较适合于学生实验。其中 74LS 系列（低功耗肖特基系列）的种类多，价格低廉，是 TTL 门电路中使用比较广泛的一个系列。

下面介绍几种常用门电路的逻辑符号图和对应的 74LS 集成电路的型号。

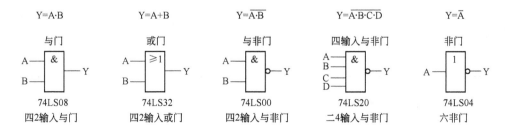

74LS 系列的集成门电路外引脚的排列规律相同，下面以 74LS00 为例（图 2-3-1）。

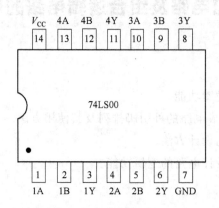

图 2-3-1 74LS00 引脚排列图

外引脚的识别方式是：将集成芯片正面朝向使用者，凹口或小标志点"·"在左边，左下角为起始脚 1，逆时针方向向右数，循环一圈依次是 1，2，3，…。左上角接 +5V 电源，右下角接地，其余各引脚分别是输入和输出。使用时，查找 IC 手册可知各管脚功能。

其他集成芯片的引脚排列图如图 2-3-2～图 2-3-5 所示。

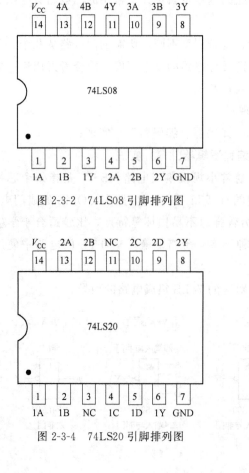

图 2-3-2 74LS08 引脚排列图

图 2-3-4 74LS20 引脚排列图

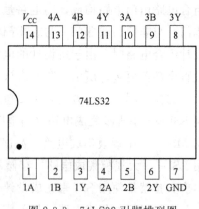

图 2-3-3 74LS32 引脚排列图

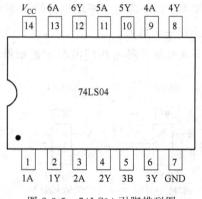

图 2-3-5 74LS04 引脚排列图

由小规模集成电路（SSI）构成组合逻辑电路的设计方法一般可分为以下的步骤进行。

① 分析任务要求，将实际问题进行逻辑抽象，定义输入变量和输出变量。

② 确定输入输出之间的逻辑关系，列出真值表。

③ 根据真值表，写出逻辑表达式，用逻辑代数或卡诺图化简，得出简化的逻辑表达式，并根据实验选用的逻辑门的类型变换逻辑表达式。

④ 根据逻辑表达式画出逻辑电路图。

⑤ 用标准器件实现所得出的逻辑电路。然后对照真值表进行功能检查，以确定所设计的电路是否符合要求。在选用元器件时要注意：应尽量采用相同的型号，应充分利用每个门的扇入系数，力求用最少量的门获得最佳效果。

组合逻辑电路设计的步骤也可用如图 2-3-6 所示的框图来描述。

图 2-3-6　组合逻辑电路设计过程框图

2.3.3　实验内容

（1）验证 TTL 门电路的逻辑功能

将相应型号的 TTL 门电路芯片接上工作电源，在输入端接逻辑开关，输出端接 LED 发光二极管。自拟表格，验证其逻辑关系。

（2）用与非门（74LS00 集成芯片）实现其他基本门电路

① 实现与门电路，即 $Y = AB$。

② 实现或非电路，即 $Y = \overline{A+B}$。

③ 实现与或非电路，即 $Y = \overline{AB+CD}$。

将上述各个门电路的逻辑表达式转换成用与非门表达的形式。画出逻辑电路图，用 74LS00 集成芯片实现该电路。

（3）组合逻辑电路的设计

① 比较电路。设计一个能判别 A，B 两个一位二进制数大小的比较电路。

自拟真值表，画出逻辑电路图。连接实验电路并检测逻辑功能是否符合设计要求。

② 报警电路。设计一个报警信号输出电路，有 A，B，C 三台电动机，要求如下。

a. A 开机则 B 也必须开机。

b. B 开机则 C 也必须开机。

若不满足上述要求，则发出报警信号。

自拟真值表，画出逻辑电路图。连接实验电路并检测逻辑功能是否符合设计要求。

③ 设计一个有 A，B，C，D 的 4 人表决，多数通过的电路。其中 A 是主裁判，B，C，D 是副裁判。主裁判具有否决权。

以上设计任务要求：

① 列出真值表，写出逻辑表达式；

② 写出设计过程，并画出电路图；

③ 按设计好的电路图在实验箱上连线，验证电路功能。

注意：在实验进行中，插拔集成芯片或改变电路连接线时，一定要切断电源，否则集成芯片容易受到较大感应或冲击，导致损坏；实验电路中的连接线长度要尽可能短，其目的是为了防止噪声干扰及减少传输时间。

2.3.4　实验设备与元器件

① YB02－8 电工电子综合实验箱；

② 集成门电路 74LS00，74LS04，74LS08，74LS20，74LS32 若干。

2.3.5　思考题

① 设计一个四舍五入电路，用于判别 8421 码表示的十进制数是否大于等于 5。设输入变量为 ABCD，输出函数 Y，当 ABCD 表示的十进制数大于等于 5 时，输出 Y 为 1，否则 Y 为 0。

② 设计一个判别电路。有两组代码 $A_2 A_1 A_0$ 和 $B_2 B_1 B_0$，判别两组代码是否相等。如果相等则输出 Y 为 1，否则 Y 为 0。

③ 设计一个数码奇偶位判断电路，用来判别一组代码中含 1 的位数是奇数还是偶数。当判断出含 1 的位数为偶数时，灯不亮；当含 1 的位数为奇数时，灯亮。

以上设计任务要求列出真值表，画出逻辑电路图，并用 Multisim 软件进行仿真。

2.3.6　实验报告要求

① 分析实验任务，列出真值表，写出逻辑表达式，画出逻辑电路图。

② 对同一实验任务，若有多种设计方案，试比较各自优、缺点，确定最佳方案。

③ 对实验中出现的问题进行分析。

2.4　实验四　全加器及其应用

2.4.1　实验目的

① 熟悉半加器、全加器的逻辑功能。

② 熟悉 4 位二进制超前进位全加器 74LS283 的引脚排列和逻辑功能。

③ 掌握全加器 74LS283 在实现运算功能和码制变换中的应用。

2.4.2　实验原理

（1）半加器

"半加"是不考虑低位进位的二进制加法。能实现半加运算功能的电路称为半加器。其真值表如表 2-4-1 所示；其逻辑符号如图 2-4-1 所示。

表 2-4-1 半加器的真值表

输入		输出	
A	B	S	CO
0	0	0	0
0	1	1	0
1	0	1	0
1	1	0	1

半加器的逻辑表达式为：

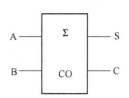

图 2-4-1 半加器
逻辑符号图

$$S = \bar{A}B + A\bar{B} = A \oplus B$$
$$CO = AB$$

（2）全加器

"全加"是考虑低位进位的二进制加法。能实现全加运算功能的电路称为全加器。一位全加器有 3 个输入端：A，B 为加数，CI 为低位向本位的进位；两个输出端：S 是全加和、CO 是向高位的进位。其真值表如表 2-4-2 所示。其逻辑符号如图 2-4-2 所示。

表 2-4-2 一位全加器逻辑功能表

输	入		输	出
A	B	CI	S	CO
0	0	0	0	0
0	0	1	1	0
0	1	0	1	0
0	1	1	0	1
1	0	0	1	0
1	0	1	0	1
1	1	0	0	1
1	1	1	1	1

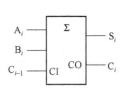

图 2-4-2 一位全加器逻辑符号图

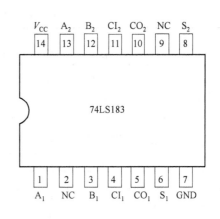

图 2-4-3 74LS183 引脚排列图

用一位全加器可以构成多位全加器。当两个 n 位二进制数相加时，进位方式有两种，即逐位进位和超前进位。每一位相加结果必须等到低一位的进位产生后才能产生，这种结构称为逐位进位全加器（或串行进位全加器）。

74LS183 为逐位进位全加器，A_1，A_2 为加数，B_1，B_2 为被加数，CI_1，CI_2 为低位向本位的进位，CO_1，CO_2 为本位向高位的进位。其引脚排列如图 2-4-3 所示。

这种全加器由于是逐位相加、进位，所以运行速度很慢，为了提高运行速度，出现了超前进位全加器。74LS283 是 4 位超前进位全加器，它的特点是先行进位，可以直接进行 4 位二进制数加法。图 2-4-4 所示为其引脚排列图和逻辑符号。

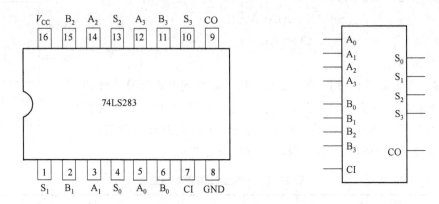

图 2-4-4　74LS283 引脚排列图和逻辑符号

例如输入 $A_3 A_2 A_1 A_0 = 1001$，$B_3 B_2 B_1 B_0 = 1101$，$CI = 0$，则输出 $COS_3 S_2 S_1 S_0 = 10110$。

（3）全加器的应用

全加器除了可以做二进制加法，还可以做减法运算、乘法运算以及实现码制变换。下面以 74LS283 为例，熟悉 4 位全加器的应用。

① 产生 8421BCD 码的反码（9 补）的电路。一位 8421BCD 码的反码（9 补）记为 $[N]_{9补}$。只要将 BCD 原码按位取反，再加上 1010，并舍去进位，即可得出其反码。表 2-4-3 为其相应的真值表，图 2-4-5 为采用 74LS283 实现其功能的电路图。BCD 原码经过反相器作为一组数据输入，另一组数据输入接 1010，输出即为 BCD 反码。

表 2-4-3　BCD 码原码/反码真值表

十进制数	原码				十进制数	反码			
	D_3	D_2	D_1	D_0		S_3	S_2	S_1	S_0
0	0	0	0	0	9	1	0	0	1
1	0	0	0	1	8	1	0	0	0
2	0	0	1	0	7	0	1	1	1
3	0	0	1	1	6	0	1	1	0
4	0	1	0	0	5	0	1	0	1
5	0	1	0	1	4	0	1	0	0
6	0	1	1	0	3	0	0	1	1
7	0	1	1	1	2	0	0	1	0
8	1	0	0	0	1	0	0	0	1
9	1	0	0	1	0	0	0	0	0

② 实现 8421BCD 码转换成余 3 码。余 3 码等于 8421BCD 码加上 0011，有固定的转换关系。因此，可采用 4 位全加器来完成转换。图 2-4-6 为采用 74LS283 实现余 3 码转换电路图。8421BCD 码作为一组数据输入，另一组输入端接 0011，这样输出即为余 3 码。

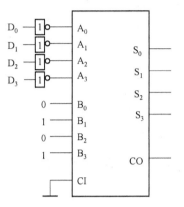

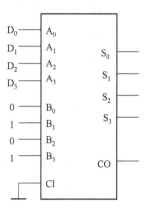

图 2-4-5　BCD 码的反码产生电路图　　　　图 2-4-6　余 3 码转换电路图

③ 8421BCD 码加法器。在进行两个 1 位 8421BCD 码相加时，其结果应禁止出现 1010～1111 这 6 个码组。这样在利用 74LS283 二进制全加器进行 BCD 码运算时，需要在组间进位方式上加一个校正电路，使原来逢 16 进 1 自动校正为逢 10 进 1。因此，在进行 BCD 码加法时，需要对运算结果进行判断，若和大于 9 或有进位 CO＝1 时，则电路加 6（0110），并在组间产生进位；若和小于或等于 9，则电路加 0（0000），组间不产生进位。二进制数 0110 和 0000 只有中间两位不同，可以设为 0PP0，用校正电路使 P＝1 或 P＝0 来产生 0 和 6，P 的设计可由表 2-4-4 得到，经化简得到表达式：

$$P＝S_3 S_2＋S_3 S_1＋CO＝\overline{\overline{S_3 S_2} \cdot \overline{S_3 S_1} \cdot \overline{CO}}$$

表 2-4-4　P＝1 的真值表

CO	S_3	S_2	S_1	S_0	P
1	×	×	×	×	1
0	1	0	1	0	1
0	1	0	1	1	1
0	1	1	0	0	1
0	1	1	0	1	1
0	1	1	1	0	1
0	1	1	1	1	1

由此得到逻辑电路如图 2-4-7 所示，$Y_3 Y_2 Y_1 Y_0$ 为两位数相加之和，Y_{CO} 为进位。

④ 实现两个 4 位二进制数的减法运算。两个 4 位二进制数相减可以看作两个带符号的 4 位二进制数相加，即原码的相减变成补码的相加，即 A－B＝A＋（－B）。而正数的补码是其本身，负数的补码是反码加 1，这样在利用 74LS283 二进制全加器实现减法运算时，A 作为一组加数正常输入，B 则通过反向器后作为另一组加数输入，CI＝1 可以实现加 1，输出结果则为两数之差，但是这个结果是补码，还要通过 CO 来判断结果的正负。若 CO＝1，运算

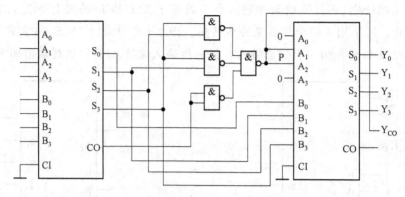

图 2-4-7　两个 1 位 8421BCD 码相加逻辑电路图

结果是正数，输出的补码即为原码；若 CO＝0，运算结果是负数，输出的补码还要再求补一次才能得到其原码。根据此原理自行画出其逻辑电路图。

2.4.3　实验内容

（1）二进制超前进位全加器 74LS283 的功能测试

测试 74LS283 的加法功能，将测试结果填入表 2-4-5 中。

表 2-4-5　74LS283 的加法功能测试

$A_3 A_2 A_1 A_0$	$B_3 B_2 B_1 B_0$	CI	$Y_3 Y_2 Y_1 Y_0$	CO

（2）用二进制超前进位全加器 74LS283 实现以下电路

① 1 位 8421BCD 码的反码（9 补）的电路；

② 8421BCD 码转换为余 3 码的电路；

③ 两个 1 位 8421BCD 码相加的电路；

④ 两个 4 位二进制数减法的运算。

以上设计任务要求：

① 列出真值表，写出逻辑表达式；

② 写出设计过程，并画出电路图；

③ 按设计好的电路图在实验箱上连线，验证电路功能。

2.4.4　实验设备与元器件

① YB02－8 电工电子综合实验箱；

② 集成电路 74LS183，74LS283，74LS00，74LS04，74LS10，74LS86 等。

2.4.5　思考题

① 用适当的门电路和全加器 74LS283 构成一个无符号数的 4 位并行加、减运算电路。要求当控制信号 X＝0 时，电路实现加法运算；X＝1 时，电路实现减法运算。

② 用适当的门电路和全加器 74LS283 构成一个 8421BCD 码到 2421BCD 码的转换电路。

③ 用适当的门电路和全加器 74LS283 构成一个 4 位×4 位的乘法器。

以上设计任务要求写出设计过程，画出逻辑电路图，并用 Multisim 软件进行仿真。

2.4.6　实验报告要求

① 分析实验任务，写出设计过程，画出逻辑电路图。

② 对同一实验任务，若有多种设计方案，试比较各自优缺点，确定最佳方案。

③ 对实验中出现的问题进行分析。

2.5　实验五　数据选择器及其应用

2.5.1　实验目的

① 掌握数据选择器的逻辑功能及使用方法。

② 学习用数据选择器进行组合逻辑电路设计的方法。

2.5.2　实验原理

数据选择器是常用的中规模集成电路（MSI），它可以用来实现多种组合逻辑功能，是逻辑设计中应用十分广泛的逻辑部件。

数据选择器又叫多路开关、多路转换器。其功能是：在选择控制端（地址码）的作用下，可以从多路输入信号中选择一路信号进行输出。如图 2-5-1 所示，图中有四路数据 $D_3 \sim D_0$，通过选择控制信号 A_1，A_0（地址码）从四路数据中选中某一路数据送至输出端 Y。

数据选择器的电路结构一般由与或门阵列组成，也有用传输门开关和门电路混合而成的。常用的数据选择器有 2 选 1 （74LS157）、4 选 1 （74LS153）、8 选 1 （74LS151）、16 选 1 （74LS150）等。

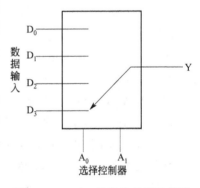

图 2-5-1　4 选 1 数据选择器示意图

（1）8 选 1 数据选择器 74LS151

74LS151 为互补输出的 8 选 1 数据选择器，引脚排列和逻辑符号如图 2-5-2 所示，功能如表 2-5-1 所示。

表 2-5-1　74LS151 功能表

输　　入				输　　出	
$\overline{S}$	A_2	A_1	A_0	Y	$\overline{Y}$
1	×	×	×	0	1
0	0	0	0	D_0	$\overline{D_0}$
0	0	0	1	D_1	$\overline{D_1}$

续表

输　　入				输　　出	
$\overline{S}$	A_2	A_1	A_0	Y	$\overline{Y}$
0	0	1	0	D_2	$\overline{D_2}$
0	0	1	1	D_3	$\overline{D_3}$
0	1	0	0	D_4	$\overline{D_4}$
0	1	0	1	D_5	$\overline{D_5}$
0	1	1	0	D_6	$\overline{D_6}$
0	1	1	1	D_7	$\overline{D_7}$

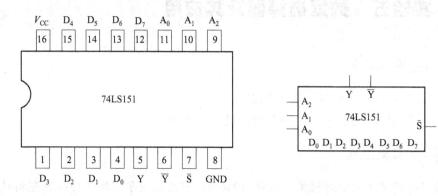

图 2-5-2　74LS151 引脚排列和逻辑符号图

选择控制端（地址端）为 $A_2 \sim A_0$，按二进制译码，从 8 个输入数据 $D_0 \sim D_7$ 中，选择一个数据送到输出端 Y，$\overline{S}$ 为使能端，低电平有效。

使能端 $\overline{S}=1$ 时，不论 $A_2 \sim A_0$ 状态如何，均无输出（$Y=0$，$\overline{Y}=1$），多路开关被禁止。

使能端 $\overline{S}=0$ 时，多路开关正常工作，根据地址码 $A_2 \sim A_0$ 的状态选择 $D_0 \sim D_7$ 中某一个通道的数据输送到输出端 Y。

如：$A_2 A_1 A_0 = 000$，则选择 D_0 数据到输出端，即 $Y=D_0$。

如：$A_2 A_1 A_0 = 001$，则选择 D_1 数据到输出端，即 $Y=D_1$，其余类推。

（2）双 4 选 1 数据选择器 74LS153

所谓双 4 选 1 数据选择器就是在一块集成芯片上有两个 4 选 1 数据选择器。引脚排列和逻辑符号如图 2-5-3 所示，功能如表 2-5-2 所示。

表 2-5-2　74LS153 功能表

输　　入			输　　出
$\overline{S}$	A_1	A_0	Y
1	×	×	0
0	0	0	D_0
0	0	1	D_1
0	1	0	D_2
0	1	1	D_3

$1\overline{S}$，$2\overline{S}$ 为两个独立的使能端；A_1，A_0 为公用的地址输入端；$1D_0 \sim 1D_3$ 和 $2D_0 \sim 2D_3$ 分

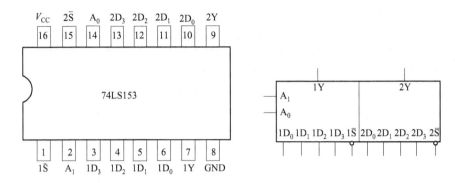

图 2-5-3　74LS153 引脚排列和逻辑符号图

别为两个 4 选 1 数据选择器的数据输入端；1Y 及 2Y 为两个输出端。

（3）数据选择器的应用　数据选择器可以用来实现逻辑函数。数据选择器的逻辑表达式可以写成：

$$F = m_0 D_0 + m_1 D_1 + m_2 D_2 + \cdots + m_i D_i$$

式中，m_i 是控制端（地址码）的取值组合构成的最小项；D_i 是输入的数据端。因此适当选择控制端和 D_i 的状态，就可以用数据选择器实现单输出的组合逻辑电路。其方法如下。

① 如果逻辑函数的变量数与数据选择器的选择控制端数量相等，则逻辑函数所有最小项可以与数据选择器的选择端一一对应，可直接用数据选择器实现该逻辑函数。如 8 选 1 数据选择器，有 3 个选择控制端，可直接实现任意 3 变量的逻辑函数。

具体设计步骤如下。

a. 将逻辑函数化为最小项之和的形式：$F = \sum m_i$。

b. 将逻辑函数的输入变量按顺序接到数据选择器的选择控制端，凡在逻辑函数中包含的最小项，便在相应的数据输入端接逻辑 1，否则接逻辑 0，这样数据选择器的输出即为该逻辑函数的输出。

② 当逻辑函数的变量数多于数据选择器的选择控制端数量时，如用 4 选 1 数据选择器实现 3 个变量的逻辑函数时，首先应分离出多余的变量，然后将余下的变量与数据选择器的选择控制端一一对应，而分离出来的变量根据函数表达式中该变量的原/反变量的形式接到数据输入端，数据选择器的输出便是此逻辑函数的输出。

一般情况下，一个 n 变量的逻辑函数可用 (2^n) 选 1 或 (2^{n-1}) 选 1 数据选择器实现。

例 2-5-1　用 8 选 1 数据选择器 74LS151 实现函数 $F = A\bar{B} + \bar{A}C + B\bar{C}$。

作出函数 F 的功能表，如表 2-5-3 所示，将函数 F 功能表与 8 选 1 数据选择器的功能表相比较，可知：

① 将输入 C，B，A 作为 8 选 1 数据选择器的地址码 A_2，A_1，A_0。

② 使 8 选 1 数据选择器的各数据输入 $D_0 \sim D_7$ 分别与函数 F 的输出值一一相对应。

即：$A_2 A_1 A_0 = CBA$，

$D_0 = D_7 = 0$，

$D_1 = D_2 = D_3 = D_4 = D_5 = D_6 = 1$。

表 2-5-3　函数 F 的功能表

输　入			输　出
C	B	A	F
0	0	0	0
0	0	1	1
0	1	0	1
0	1	1	1
1	0	0	1
1	0	1	1
1	1	0	1
1	1	1	0

则 8 选 1 数据选择器的输出 Y 便实现了函数 $F = A\overline{B} + \overline{A}C + B\overline{C}$

电路连线如图 2-5-4 所示。

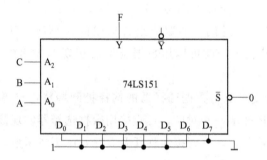

图 2-5-4　用 8 选 1 数据选择器 74LS151 实现 $F = A\overline{B} + \overline{A}C + B\overline{C}$

例 2-5-2　用 4 选 1 数据选择器 74LS153 实现函数 $F = \overline{A}BC + A\overline{B}C + AB\overline{C} + ABC$。

函数 F 的功能如表 2-5-4 所示。

表 2-5-4　函数 F 的功能表

输　入			输　出
A	B	C	F
0	0	0	0
0	0	1	0
0	1	0	0
0	1	1	1
1	0	0	0
1	0	1	1
1	1	0	1
1	1	1	1

函数 F 有三个输入变量 A，B，C，而数据选择器有两个地址端 A_1，A_0，少于函数输入变量个数，将 A，B 接数据选择器的地址端 A_1，A_0，分离变量 C，使得：

$$D_0 = 0, D_1 = D_2 = C, D_3 = 1。$$

电路连线如图 2-5-5 所示。

数据选择器的用途很多，除了用来实现逻辑函数，还可以进行多通道传输，数码比较，并行码变串行码等。

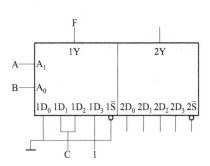

图 2-5-5 用 4 选 1 数据选择器实现
$F = \overline{A}BC + A\overline{B}C + AB\overline{C} + ABC$

2.5.3 实验内容

（1）数据选择器的功能验证

① 验证 74LS151 的逻辑功能，列出功能表。

② 将双 4 选 1 数据选择器 74LS153 扩展成 8 选 1 数据选择器。要求画出电路图，并验证其功能。

（2）设计实验

① 用 74LS153 实现一位全加器。

② 用 74LS153 和适当的门电路实现下列逻辑函数：

$$F(A,B,C,D) = \sum m(1,2,3,10,11,12,13)$$

③ 用 74LS153 和适当的门电路设计一个交通信号灯监测电路。

交通信号灯由红、黄、绿三盏灯组成，正常情况下，点亮的状态只能是红、绿或黄加绿三种状态中的一种。当出现其他状态时，是信号灯发生故障，要求监测电路发出故障报警信号。

以上设计任务要求：

① 列出真值表，写出逻辑表达式；

② 写出设计过程，并画出电路图；

③ 按设计好的电路图在实验箱上连线，验证电路功能。

2.5.4 实验设备与元器件

① YB02-8 电工电子综合实验箱；

② 集成芯片 74LS151、74LS153、门电路等。

2.5.5 思考题

① 用 8 选 1 数据选择器 74LS151 和适当的门电路设计一个路灯控制电路。要求在 4 个不同的地点都能独立的开灯和关灯。

② 用双 4 选 1 数据选择器 74LS153 实现判断电路。

学生选修课程及学分如下表所示。

课程	A	B	C	D	E
学分	5	4	3	2	1

每个学生至少必须选满 6 个学分，A，B 课程因时间冲突，不能同时选上。利用数据选择器实现判断电路：当所选课程满足要求时输出 Y 为 1，否则为 0。

③ 用双 4 选 1 数据选择器 74LS153 产生 10110110 脉冲序列。

以上设计任务要求写出设计过程，画出逻辑电路图，并用 Multisim 软件进行仿真。

2.5.6 实验报告要求

① 要求每个实验任务都列出真值表，写出逻辑表达式。
② 写出设计过程，并画出逻辑电路图。
③ 记录测试结果，对实验结果进行分析讨论。

2.6 实验六 触发器及其应用

2.6.1 实验目的

① 掌握 JK 触发器和 D 触发器的逻辑功能。
② 熟悉触发器之间相互转换的方法。
③ 掌握集成 JK 触发器和集成 D 触发器的应用。

2.6.2 实验原理

触发器具有两个稳定状态，用以表示逻辑状态"1"和"0"，在一定的外界信号作用下，可以从一个稳定状态翻转到另一个稳定状态，它是一个具有记忆功能的二进制信息存储器件，是构成各种时序电路的最基本逻辑单元。

（1）JK 触发器

在输入信号为双端的情况下，JK 触发器是功能完善、使用灵活和通用性较强的一种触发器。

JK 触发器的状态方程为 $Q^{n+1} = J\overline{Q}^n + \overline{K}Q^n$，J 和 K 是数据输入端，是触发器状态更新的依据。Q 与 $\overline{Q}$ 为两个互补输出端。通常把 $Q=0$、$\overline{Q}=1$ 的状态定为触发器"0"状态；而把 $Q=1$、$\overline{Q}=0$ 定为"1"状态。JK 触发器常被用作缓冲存储器，移位寄存器和计数器。

本实验采用的 74LS112 双 JK 触发器，是下降边沿触发的边沿触发器，其引脚排列及逻辑符号如图 2-6-1 所示。其功能如表 2-6-1 所示。

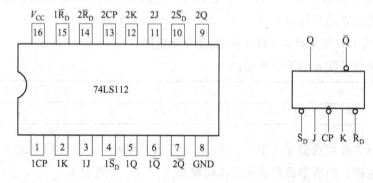

图 2-6-1　74LS112 双 JK 触发器引脚排列及逻辑符号

表 2-6-1 74LS112 的功能表

输 入					输 出
$\overline{S}_D$	$\overline{R}_D$	CP	J	K	Q^{n+1}
0	1	×	×	×	1
1	0	×	×	×	0
0	0	×	×	×	不定态
1	1	↓	0	0	Q^n
1	1	↓	1	0	1
1	1	↓	0	1	0
1	1	↓	1	1	$\overline{Q}^n$
1	1	↑	×	×	Q^n

注：×表示任意态；↓表示高到低电平跳变；↑表示低到高电平跳变。

（2）D 触发器

在输入信号为单端的情况下，D 触发器用起来最为方便，其状态方程为 $Q^{n+1}=Q^n$，其输出状态的更新发生在 CP 脉冲的上升沿，故又称为上升沿触发的边沿触发器，触发器的状态只取决于时钟到来前 D 端的状态。D 触发器的应用很广，可用作数字信号的寄存，移位寄存，分频和波形发生等。常用的集成 D 触发器型号有：双 D 触发器 74LS74、四 D 触发器 74LS175、六 D 触发器 74LS174 等。

图 2-6-2 为双 D 触发器 74LS74 的引脚排列及逻辑符号。其功能如表 2-6-2 所示。

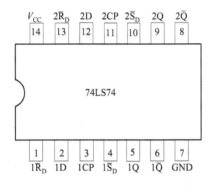
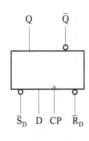

图 2-6-2 74LS74 引脚排列及逻辑符号

表 2-6-2 74LS74 的功能表

输 入				输 出
$\overline{S}_D$	$\overline{R}_D$	CP	D	Q^{n+1}
0	1	×	×	1
1	0	×	×	0
0	0	×	×	不定态
1	1	↑	1	1
1	1	↑	0	0
1	1	↓	×	Q^n

（3）触发器之间的相互转换

JK 触发器功能完善，通用性强，D 触发器使用方便。故这两种类型触发器产品很多，当需要其他类型的触发器时，可通过逻辑功能转换的方法，由已有的触发器转换为所需触发器。

例如，将 JK 触发器的 J，K 两端连在一起，作为 T 端，就得到 T 触发器。如图 2-6-3（a）所示，其状态方程为：$Q^{n+1}=T\overline{Q}^n+\overline{T}Q^n$。当 T=0 时，时钟脉冲作用后，其状态保持不变；当 T=1 时，时钟脉冲作用后，触发器状态翻转。

若将 T 触发器的 T 端置"1"，如图 2-6-3（b）所示，即得 T′触发器。在 T′触发器的 CP 端每来一个脉冲信号，触发器的状态就翻转一次。T′触发器广泛应用于计数电路中。

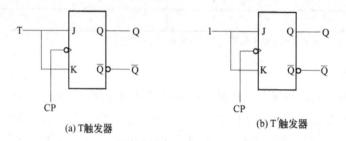

(a) T触发器   (b) T′触发器

图 2-6-3　JK 触发器转换为 T、T′触发器

同样，若将 D 触发器 $\overline{Q}$ 端与 D 端相连，便转换成 T′触发器。如图 2-6-4 所示。
JK 触发器也可转换为 D 触发器，如图 2-6-5 所示。

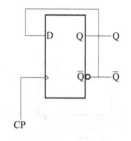

图 2-6-4　D 触发器转成 T′触发器

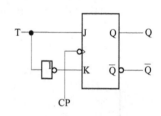

图 2-6-5　JK 触发器转成 D 触发器

2.6.3　实验内容

（1）触发器的功能验证

① 双 JK 触发器 74LS112 的逻辑功能验证。具体步骤如下。

a. 测试 $\overline{R}_D$，$\overline{S}_D$ 的复位、置位功能。将 JK 触发器的 $\overline{R}_D$，$\overline{S}_D$，J，K 端接逻辑开关，CP 端接单次脉冲，Q，$\overline{Q}$ 端接发光二极管显示。改变 $\overline{R}_D$，$\overline{S}_D$（J，K，CP 处于任意状态），并在 $\overline{R}_D=0$（$\overline{S}_D=1$）或 $\overline{S}_D=0$（$\overline{R}_D=1$）作用期间任意改变 J，K 及 CP 的状态，观察 Q，$\overline{Q}$ 状态。自拟表格并记录。

b. 测试 JK 触发器的逻辑功能。按表 2-6-3 的要求改变 J，K，CP 端状态，观察 Q，$\overline{Q}$ 状态变化，观察触发器状态更新是否发生在 CP 脉冲的下降沿，在表中记录测试结果。

表 2-6-3　JK 触发器功能测试表

J	K	Q^n	Q^{n+1}	
			CP↑	CP↓
0	0	0		
		1		
0	1	0		
		1		
1	0	0		
		1		
1	1	0		
		1		

c. 将 JK 触发器的 J，K 端连在一起，构成 T 触发器。

在 CP 端输入 100kHz 方波，用双踪示波器观察 CP，Q，$\overline{Q}$ 端波形，注意相位关系，在坐标纸上画出这 3 路信号的同步波形。

② 双 D 触发器 74LS74 的逻辑功能验证。

a. 测试 $\overline{R}_D$，$\overline{S}_D$ 的复位、置位功能。测试方法同①双 JK 触发器 $\overline{R}_D$，$\overline{S}_D$ 复位、置位功能的测试，自拟表格记录。

b. 测试 D 触发器的逻辑功能。按表 2-6-4 要求进行测试，并观察触发器状态更新是否发生在 CP 脉冲的上升沿，在表中记录测试结果。

表 2-6-4　D 触发器功能测试表

D	Q^n	Q^{n+1}	
		CP↑	CP↓
0	0		
	1		
1	0		
	1		

c. 将 D 触发器的 $\overline{Q}$ 端与 D 端相连接，构成 T′ 触发器。

在 CP 端输入 100kHz 方波，用双踪示波器观察 CP，Q，$\overline{Q}$ 端波形，注意相位关系，画出 CP、Q，$\overline{Q}$ 端的同步波形。

（2）设计实验

① 用 JK 触发器实现四进制计数器。图 2-6-6 是四进制计数器的逻辑电路图。是由 2 个 JK 触发器转换成 T 触发器组成的同步四进制加法计数器。

按图 2-6-6 接线，$\overline{R}_D$，$\overline{S}_D$ 端接逻辑开关，要求如下。

a. CP 端接单次脉冲信号，输出端 Q_0、Q_1 接发光二极管显示，将测试结果记录在表 2-6-5 中。

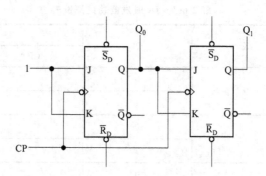

图 2-6-6 四进制计数器的逻辑电路图

表 2-6-5 四进制计数器输出状态表

CP	0	1	2	3
Q_0				
Q_1				

b. CP 端接连续脉冲信号，用示波器观察 CP，Q_0，Q_1 的波形并描绘下来。

② 用 JK 触发器实现双相时钟电路。如图 2-6-7 所示的是 JK 触发器及与非门组成的双相时钟脉冲电路，其功能是将时钟脉冲 CP 转换成两相时钟脉冲 CP_A 和 CP_B，其频率相同、相位相反。

按图 2-6-7 连线，CP 端接连续脉冲信号，$\overline{R}_D$，$\overline{S}_D$ 端接逻辑开关。要求：用示波器观测其输出波形，描绘出 CP 与 CP_A，CP_B 的波形。

③ 用 D 触发器实现三进制计数器。图 2-6-8 所示为三进制计数器的逻辑电路图。是由 74LS74 双 D 触发器及与非门组成的同步三进制加法计数器。

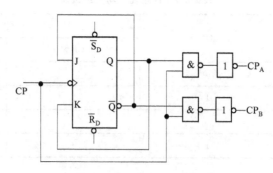

图 2-6-7 双相时钟脉冲逻辑电路图

按图连线，$\overline{R}_D$，$\overline{S}_D$ 端接逻辑开关，要求如下。

a. CP 端接单次脉冲信号，输出端 Q_0、Q_1 接发光二极管显示，将测试结果记录在表 2-6-6 中。

表 2-6-6 三进制计数器输出状态表

CP	0	1	2
Q_1			
Q_2			

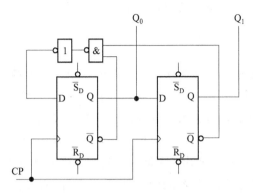

图 2-6-8　三进制计数器的逻辑电路图

b. CP 端接连续脉冲信号，用示波器观察 CP，Q_0，Q_1 的波形并描绘下来。

2.6.4　实验设备与元器件

① YB02-8 电工电子综合实验箱；

② 双踪示波器；

③ 函数信号发生器；

④ 集成芯片 74LS112，74LS74 和适当的门电路。

2.6.5　思考题

① 用 D 触发器设计并实现一个 4 位环形计数器。

② 用 JK 触发器设计并实现一个同步五进制计数器。

③ 设计一个 16 分频电路。

以上实验任务要求写出设计过程。列出状态转换表、画出状态转换图。根据所用的触发器类型写出电路的状态方程、驱动方程和输出方程。画出逻辑电路图，并用 Multisim 软件进行仿真。

2.6.6　实验报告要求

① 按要求记录 JK 触发器和 D 触发器的测试结果。

② 写出设计过程，画出逻辑电路图，记录实验结果，将示波器的输出波形描绘下来。

③ 对实验结果进行分析讨论。

2.7　实验七　计数器及其应用

2.7.1　实验目的

① 熟悉中规模集成计数器的功能。

② 掌握用中规模集成计数器构成任意进制计数器的方法。

③ 掌握计数、译码、显示电路的综合应用。

2.7.2 实验原理

计数器是数字系统的重要组成部分，它不仅可以用来统计脉冲的个数，还可以用来定时、分频和数字运算等。计数器种类繁多，按不同分类方式可细分为以下种类。

① 按计数器的进制分类，可分为二进制、十进制和 N 进制计数器。

② 按计数脉冲输入方式分类，可分为同步计数器和异步计数器两类。同步计数器是指内部的各个触发器在同一时钟脉冲作用下同时翻转，并产生进位信号，其工作频率高、速度快，译码时不会产生尖峰脉冲；而异步计数器中的计数脉冲是逐级传送的，计数速度慢，在译码时会出现不应有的尖峰信号，但其内部结构简单，成本低廉，常用于低速计数场合。

③ 按计数的加减分类，有递增、递减和可逆计数器三种。其中可逆计数器又有加减控制式和双时钟输入式两种。

常用集成计数器均有典型产品，下面介绍双十进制计数器 74LS390 和 4 位二进制计数器 74LS161。

（1）双十进制计数器 74LS390

74LS390 是集成二-五-十进制异步计数器，每片芯片中含有两个独立的十进制计数器。每个十进制计数器中包含一个二进制计数器和一个五进制计数器，既可单独用于二、五进制计数，也可串联成十进制计数器。用一片 74LS390 可构成一个一百进制计数器，若加上适当的门电路则可构成 100 以内的任意进制计数器，其应用非常灵活方便。74LS390 的引脚排列和逻辑符号如图 2-7-1 所示。

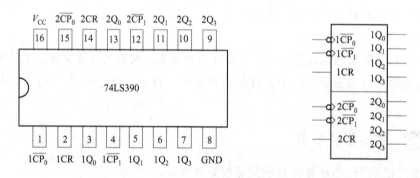

图 2-7-1 74LS390 引脚排列图和逻辑符号

74LS390 的引脚功能：$\overline{CP_0}$，$\overline{CP_1}$ 是 CP 脉冲输入端，下降沿触发；CR 是清零端，高电平有效；$Q_3 Q_2 Q_1 Q_0$ 是输出端。

① 二进制计数器：$\overline{CP_0}$ 接脉冲输入，输出端 Q_0（0~1）。

② 五进制计数器：$\overline{CP_1}$ 接脉冲输入，输出端 $Q_3 Q_2 Q_1$（000~100）。

③ 十进制计数器：将 $\overline{CP_1}$ 与 Q_0 相连，$\overline{CP_0}$ 接脉冲输入，输出端 $Q_3 Q_2 Q_1 Q_0$（0000~1001）。

（2）4 位二进制计数器 74LS161

74LS161 是集成 4 位二进制同步加法计数器，构成该计数器的所有触发器，都共享一个输入时钟信号源，在 CP 上升沿翻转，其优点是计数速度快。它具有异步清零、同步置数、计数及保持 4 种功能。所谓异步清零是指不需要时钟脉冲作用，只要该使能端具有有效（低）电平，就能完成清零任务。而同步置数则是指除了该使能端具有有效（低）电平外，还必须有时钟脉冲的作用，对应功能才能够实现。74LS161 的引脚排列和逻辑符号如图 2-7-2 所示。

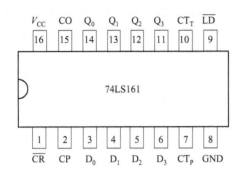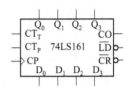

图 2-7-2　74LS161 引脚排列图和逻辑符号

74LS161 的引脚功能如下。

CP：脉冲输入端，上升沿有效。

$\overline{CR}$：异步清零控制端。

$\overline{LD}$：同步置数控制端。

$D_3 D_2 D_1 D_0$：预置数据输入端。

CT_T，CT_P：计数控制端。

CO：进位输出端。

$Q_3 Q_2 Q_1 Q_0$：数据输出端。

74LS161 的功能如表 2-7-1 所示。

表 2-7-1　74LS161 功能表

CP	$\overline{CR}$	$\overline{LD}$	CT_T	CT_P	功能
×	0	×	×	×	清零
↑	1	0	×	×	置数
↑	1	1	1	1	计数
×	1	1	0	×	保持
×	1	1	×	0	保持

（3）任意进制计数器的设计

利用集成计数器的功能控制端，通过对外部电路不同方式的连接，可以构成任意进制计数器（分频器）。假定已有的是 N 进制计数器，而需要的是 M 进制计数器，这时有 $M<N$ 和 $M>N$ 两种情况，下面分别讨论这两种情况。

① $M<N$：有置零法（复位法）和置数法两种。

置零法适用于有清零输入端的集成计数器。在计数过程中，截取某一个中间状态来控制清零端，使计数器从该状态返回到零并重新开始计数，这样计数器就跳过了后面的一些状态，将模较大的 N 进制计数器改成了模较小的 M 进制计数器。根据计数器的清零操作是否需要时钟脉冲配合又分为同步置零法和异步置零法，大多数集成计数器都采用异步清零方式。

置数法适用于有预置数功能的集成计数器。通过给计数器重复置入某个数值的方法跳过 $(N-M)$ 个状态，从而获得 M 进制计数器。预置数操作可以在电路的任何一个状态下进行。预置数操作也有同步和异步方式之分。同步方式需要有时钟脉冲信号和置数信号同时作用才执行预置数操作；而异步方式则不需要时钟信号的同步，只要有置数信号就立即执行。

例 2-7-1 用十六进制计数器 74LS161 构成十进制计数器（$M=10$）。

74LS161 有异步清零功能，同时也具有同步置数的功能，因此置零法、置数法均可以。

如图 2-7-3 所示，74LS161 采用置零法构成十进制计数器。计数器从 $Q_3 Q_2 Q_1 Q_0=0000$ 开始计数，当计到 1010 时，与非门输出低电平加到异步清零控制端 $\overline{CR}$，将计数器置零，此过程极为短暂。计数器跳过了 1010～1111 六个状态，实现十进制计数。

如图 2-7-4 所示，74LS161 采用置数法构成十进制计数器。首先给数据端置数，使 $D_3 D_2 D_1 D_0=0000$，当计数到 $Q_3 Q_2 Q_1 Q_0=1001$ 时，与非门输出低电平到置数控制端 $\overline{LD}$，使计数器处于同步预置状态，等到第 10 个计数脉冲到来时将计数器置数为 0000，计数器又重新开始计数。

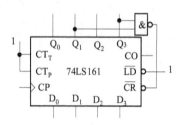

图 2-7-3 用置零法实现十进制

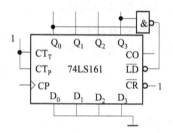

图 2-7-4 用置数法实现十进制

以上是利用十六进制计数器 74LS161 的前 10 个（0000～1001）状态实现十进制计数，还可以利用它的后 10 个（0110～1111）状态，或者中间的 10 个状态（0011～1100）实现同样的目的，这里不再赘述。

② $M>N$，这时需要用两片或多片计数器的级连来实现。

计数器级连的方式可分为串行进位方式和并行进位方式。在串行进位方式中，以低位片的进位信号作为高位片的时钟输入信号。在并行进位方式中，以低位片的进位信号作为高位片的工作状态控制信号（计数的使能信号），两片的 CP 端同时接计数输入脉冲信号。

例 2-7-2 用十六进制计数器 74LS161 构成二十四进制计数器（$M=24$）

因为 $M=24$ 大于 16，所以要用两片 74LS161 级连组成，级连方式采取的是并行进位方式，低位片 1 的进位输出信号作为高位片 2 的使能信号，具有较高的计数速度。

电路如图 2-7-5 所示，这里采取整体置零方式构成二十四进制计数器，计数器从 00000000 开始计数，当计到 00011000（24）时，与非门输出一个低电平到异步清零控制端 $\overline{CR}$，将两片 74LS161 同时置零，重新计数。

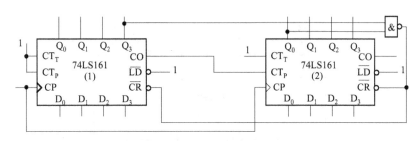

图 2-7-5 用两片 74LS161 级连构成的 $M=24$ 计数器

集成计数器的型号非常多,特性方面也各有特点。因此,在进行任意 M 进制计数器的设计时,要注意以下几点。

① 正确选择集成计数器的类型与数量,若要以十进制显示则应选用十进制计数器,否则可根据电路功能需要及方便程度进行选择。若电路对工作速度有要求,则可选用同步计数器。

② 熟悉计数器的性能特点,如计数器触发翻转时刻是在 CP 的上升沿还是下降沿;计数器清零、置数是同步还是异步,是高电平有效还是低电平有效;计数器的计数时序等。只有掌握这些关键之处才能正确选择某组输出代码作为反馈控制的信号,才能选取合适的电路来实现 M 进制计数器。

(4)计数、译码、显示电路的综合应用 计数、译码、显示电路是数字电路中应用很广泛的一种电路。通常这种电路由中规模集成计数器、显示译码器和数码显示二部分组成,包含了组合逻辑电路和时序逻辑电路,是一个综合性的应用电路。其组成原理如图 2-7-6 所示。

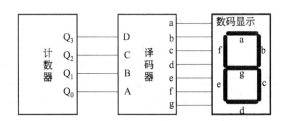

图 2-7-6 计数译码显示电路原理图

计数器在前面已经详细研究过,下面来看显示译码器和数码显示管。

① 显示译码器。显示译码器将计数器的输出(BCD 代码)译成显示器(数码管)所需要的驱动信号,以便使数码管用十进制数字显示出 BCD 代码所表示的数值。

根据数码管的不同,用于显示驱动的译码器也有不同的规格和品种。常见的译码器有74LS46、74LS47、74LS247 等,输出低电平有效信号,适用于共阳极数码管;74LS48、74LS49、74LS248、CC4511 等,输出高电平有效信号,适用于共阴极数码管。

下面就以 74LS48 为例,了解显示译码器的使用方法。74LS48 是 BCD 七段译码器,它的引脚排列如图 2-7-7 所示。

74LS48 引脚功能具体如下。

D,C,B,A:输入信号端。

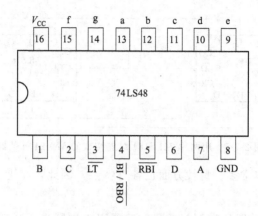

图 2-7-7　7 段显示译码器 74LS48 引脚排列图

a～g：输出端。

$\overline{LT}$：灯测试输入端，当 $\overline{LT}=0$ 且 $\overline{BI}/\overline{RBO}=1$ 时，无论输入 DCBA 状态如何，输出 a～g 全部为高电平，使被驱动数码管的 7 段同时点亮，以检查该数码管各段能否正常发光。利用这个功能可以判断显示器的好坏。

$\overline{BI}/\overline{RBO}$：灭灯输入/灭零输出端，当 $\overline{BI}/\overline{RBO}=0$ 时，无论 $\overline{LT}$ 和 $\overline{RBI}$ 以及输入 DCBA 为何值，所有各段输出 a～g 均为低电平，显示器处于熄灭状态。

$\overline{RBI}$：灭零输入端，$\overline{RBI}$ 可以按数据显示需要，将显示器所显示的"0"予以熄灭，而在显示 1～9 时不受影响。它在实际应用中是用来熄灭多位数字前后不必要的零位，使显示的结果更醒目。将灭零输入端与灭零输出端配合使用，很容易实现多位数码显示系统的灭零控制。

表 2-7-2 为 7 段显示译码器的真值表。

表 2-7-2　7 段显示译码器的真值表

十进制或功能	输入						$\overline{BI}/\overline{RBO}$	输出						
	$\overline{LT}$	$\overline{RBI}$	D	C	B	A		a	b	c	d	e	f	g
0	1	1	0	0	0	0	1	1	1	1	1	1	1	0
1	1	×	0	0	0	1	1	0	1	1	0	0	0	0
2	1	×	0	0	1	0	1	1	1	0	1	1	0	1
3	1	×	0	0	1	1	1	1	1	1	1	0	0	1
4	1	×	0	1	0	0	1	0	1	1	0	0	1	1
5	1	×	0	1	0	1	1	1	0	1	1	0	1	1
6	1	×	0	1	1	0	1	0	0	1	1	1	1	1
7	1	×	0	1	1	1	1	1	1	1	0	0	0	0
8	1	×	1	0	0	0	1	1	1	1	1	1	1	1
9	1	×	1	0	0	1	1	1	1	1	0	0	1	1
10	1	×	1	0	1	0	1	0	0	0	1	1	0	1
11	1	×	1	0	1	1	1	0	0	1	1	0	0	1
12	1	×	1	1	0	0	1	0	1	0	0	0	1	1

续表

十进制或功能	输入						$\overline{BI}/\overline{RBO}$	输出						
	$\overline{LT}$	$\overline{RBI}$	D	C	B	A		a	b	c	d	e	f	g
13	1	×	1	1	0	1	1	1	0	0	1	0	1	1
14	1	×	1	1	1	0	1	0	0	0	1	1	1	1
15	1	×	1	1	1	1	1	0	0	0	0	0	0	0
灭灯	×	×	×	×	×	×	0(入)	0	0	0	0	0	0	0
灭零	1	0	0	0	0	0	0	0	0	0	0	0	0	0
灯测试	0	×	×	×	×	×	1	1	1	1	1	1	1	1

② 数码显示管。数码管是一种半导体发光器件，其基本单元是发光二极管。数码管按段数分为七段数码管和八段数码管，八段数码管比七段数码管多一个发光二极管单元（多一个小数点显示）。按连接方式分为共阳极数码管和共阴极数码管两种，共阳极是指数码管中的发光二极管的阳极连在一起，接到高电平（V_{CC}），当某段发光二极管的阴极为低电平时，该段就导通发光，若为高电平就截止不发光。因此它要求与有效输出为低电平的译码器相连；共阴极是指数码管中的发光二极管的阴极连在一起，接到低电平（GND），当某段发光二极管的阳极为高电平时，该段就导通发光，若为低电平就截止不发光。因此它要求与有效输出为高电平的译码器相连。七段数码管的显示原理如图 2-7-8 所示。

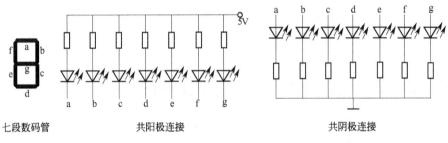

七段数码管　　　　　　共阳极连接　　　　　　共阴极连接

图 2-7-8　七段数码管显示原理

以实验中使用的型号为 BS201 的共阴极七段数码显示管为例，它可与 74LS48 译码器配套使用。其连接方式如图 2-7-9 所示。

2.7.3　实验内容

（1）验证 74LS390 的逻辑功能

熟悉 74LS390 的外引脚排列，自拟实验线路，将 74LS390 依次连成二进制、五进制、十进制电路，输出接译码显示电路，观察数码管显示的结果，验证其逻辑功能。

（2）用 74LS390 实现任意进制计数器

要求：用 74LS390 和适当的门电路分别设

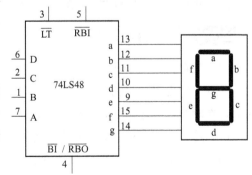

图 2-7-9　译码显示连接图

计出六进制计数器、二十进制计数器、四十进制计数器和六十进制计数器，输出接译码显示电路，观察显示结果。

（3）用十六进制计数器 74LS161 设计一个十进制计数器

要求：分别用置零法、置数法实现。输出接译码显示电路，观察显示结果。

2.7.4 实验设备与元器件

① YB02－8 电工电子综合实验箱；

② 计数器 74LS390，74LS161；

③ 显示译码器 74LS48，数码管 BS201；

④ 门电路 74LS00 等。

2.7.5 思考题

① 用十六进制计数器 74LS161 设计一个十二进制计数器，要求采用置数法，选择后 12 个状态。

② 用两片 74LS161 级连的方法设计五十进制计数器，思考一下，有几种设计方案？

以上实验任务要求写出设计过程。画出逻辑电路图，并用实验进行验证。

2.7.6 实验报告要求

① 写出实验内容与步骤，画出逻辑电路图。

② 记录实验结果，整理实验数据。

③ 对实验结果进行分析讨论。

2.8 实验八 移位寄存器及其应用设计 «««

2.8.1 实验目的

① 掌握中规模移位寄存器的逻辑功能及使用方法。

② 掌握 4 位双向移位寄存器 74LS194 的应用设计。

2.8.2 实验原理

移位寄存器是电子计算机、通信设备和其他数字系统中广泛使用的基本逻辑器件之一。它是一种由触发器连接的同步时序逻辑电路，每个触发器的输出连到下一级触发器的控制输入端，在时钟脉冲作用下，存储在移位寄存器中的代码逐位左移或右移。按照代码移动方向的不同，移位寄存器可以分为单向（左移或右移）及双向移位寄存器。按照代码的输入输出方式的不同，移位寄存器可以有 4 种工作方式：串行输入-并行输出；串行输入-串行输出；并行输入-串行输出；并行输入-并行输出。

移位寄存器的应用很广，可以构成移位寄存器型计数器，顺序发生脉冲器，串行累加器，还可用作数据转换，即把串行数据转换为并行数据，或把并行数据转换为串行数据。

（1）集成移位寄存器 74LS194

74LS194 是一种功能比较齐全的 4 位双向移位寄存器，应用广泛。它是由 4 个边沿 D 触发器和相应的输入控制电路组成。具有左移、右移、数据并行输入、保持以及异步清零的功能。其引脚排列图和逻辑符号如图 2-8-1 所示。

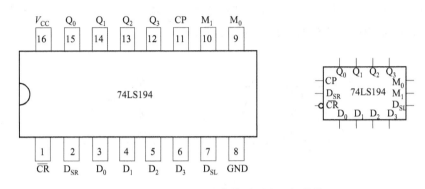

图 2-8-1　74LS194 引脚排列图和逻辑符号

74LS194 的引脚功能具体如下。

$D_3 D_2 D_1 D_0$：并行数据输入端。

CP：脉冲输入端，上升沿有效。

$\overline{CR}$：异步清零控制端。

D_{SR}：右移串行输入端。

D_{SL}：左移串行输入端。

M_1，M_0：工作模式控制端。

$Q_3 Q_2 Q_1 Q_0$：数据输出端。

74LS194 的工作模式控制及功能列表如表 2-8-1、表 2-8-2 所示。

表 2-8-1　74LS194 工作模式控制

M_1	M_0	工作模式	M_1	M_0	工作模式
0	0	保持	1	0	左移
0	1	右移	1	1	并行输入

表 2-8-2　74LS194 功能表

功能	输入										输出			
	$\overline{CR}$	CP	M_1	M_0	D_{SR}	D_{SL}	D_0	D_1	D_2	D_3	Q_0	Q_1	Q_2	Q_3
清零	0	×	×	×	×	×	×	×	×	×	0	0	0	0
保持	1	非上升沿	×	×	×	×	×	×	×	×	Q_0^n	Q_1^n	Q_2^n	Q_3^n
置数	1	↑	1	1	×	×	a	b	c	d	a	b	c	d
右移	1	↑	0	1	1	×	×	×	×	×	1	Q_0^n	Q_1^n	Q_2^n
	1	↑	0	1	0	×	×	×	×	×	0	Q_0^n	Q_1^n	Q_2^n
左移	1	↑	1	0	×	1	×	×	×	×	Q_1^n	Q_2^n	Q_3^n	1
	1	↑	1	0	×	0	×	×	×	×	Q_1^n	Q_2^n	Q_3^n	0
保持	1	↑	0	0	×	×	×	×	×	×	Q_0^n	Q_1^n	Q_2^n	Q_3^n

（2）用 4 位双向移位寄存器 74LS194 构成移位型计数器

移位型计数器是一种特殊形式的计数器，它是在移位寄存器的基础上加上反馈电路构成的。常用的移位计数器有环形计数器和扭环形计数器。

环形计数器是将移位寄存器的最后一级输出 Q 反馈到第一级的输入端。n 位移位寄存器可以计 n 个数，实现模 n 计数器。环形计数器的优点是结构简单，循环移位一个 1，状态为 1 的输出端的序号等于计数脉冲的个数，其输出状态不需译码即可产生顺序脉冲。图 2-8-2 所示为用 74LS194 构成 4 位环形计数器的逻辑电路图。

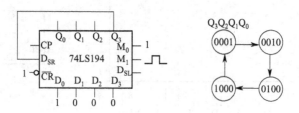

图 2-8-2　74LS194 构成环形计数器的逻辑电路图

从图 2-8-2 可以看出，环形计数器的有效状态有 4 个，还有 12 个无效状态，电路一旦进入无效状态，就不能自动回到有效循环中去。显然，这是一个不能自启动的电路。

扭环形计数器是将移位寄存器的最后一级输出 Q 经反向器后反馈到第一级的输入端。n 位移位寄存器可以实现模 $2n$ 计数器。因此在移位寄存器的级数相同时，扭环形计数器可以提供的有效状态比环形计数器多一倍，但是要识别这些状态，必须另加译码电路。但扭环形计数器在状态改变时只有一个触发器状态发生变化，因此译码电路简单。图 2-8-3 所示为用 74LS194 构成扭环形计数器的逻辑电路图。

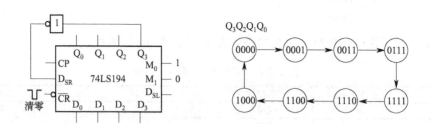

图 2-8-3　74LS194 构成扭环形计数器的逻辑电路图

从图 2-8-3 可以看出，扭环形计数器的有效状态有 8 个，还有 4 个无效状态。同样，这也是一个不能自启动的电路。

为了使计数器能正常工作，必须设法消除无效循环状态，使计数器能自启动。因此移位寄存器的设计主要是自启动设计：选定有效循环并使移位寄存器自动工作于有效循环中。通常采用以下两种方法：①修改输出与输入之间的反馈逻辑，使电路具有自启动能力；②当电路进入无效状态时，利用移位寄存器的异步置位、复位端，把电路置成有效循环。

（3）用 74LS194 实现一个串行累加器

累加器是由移位寄存器和全加器组成的一种求和电路，它的功能是将本身寄存的数和另一个输入的数相加，并存在累加器中。串行累加器的结构框图如图 2-8-4 所示。

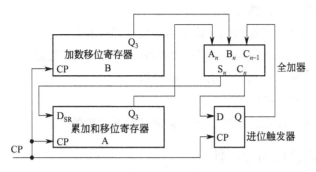

图 2-8-4 串行累加器的结构框图

假设开始时,被加数 A 和加数 B 已经分别存入累加和移位寄存器和加数移位寄存器,进位触发器 D 已经被清零。

在第一个脉冲到来之前,全加器各输入、输出端的情况为:$A_n = A_0$,$B_n = B_0$,$C_{n-1} = 0$,$S_n = A_0 + B_0 + 0 = S_0$,$C_n = C_0$。

在第一个脉冲到来之后,S_0 存入累加和移位寄存器的最高位,C_0 存入进位触发器 D 端,且两个移位寄存器中的内容都向右移动一位。全加器各输出为:$S_n = A_1 + B_1 + C_0 = S_1$,$C_n = C_1$。

在第二个脉冲到来之后,两个移位寄存器中的内容都又向右移动一位,S_1 存入累加和移位寄存器的最高位,原先存入的 S_0 进入次高位,C_1 存入进位触发器 D 端。全加器各输出为:$S_n = A_2 + B_2 + C_1 = S_2$,$C_n = C_2$。

按照此顺序进行,到第 $N+1$ 个 CP 时钟脉冲后,不仅原先存入两个移位寄存器中的数已被全部移出,且 A,B 两个数相加的和及最后的进位 C_{n+1} 也被全部存入累加和移位寄存器中。若需继续累加,则加数移位寄存器中需要再一次存入新的加数。

2.8.3 实验内容

(1) 测试 4 位双向移位寄存器 74LS194 的逻辑功能

① 数据输入功能。将 74LS194 芯片接好电源及地线,控制端 M_1,M_0 置 "1,1",数据输入端 D_3,D_2,D_1,D_0 置 "1011",输出端 Q_3,Q_2,Q_1、Q_0 分别接电平指示灯,观察在 CP 端加单次脉冲后输出的变化,并加以记录。

② 保持功能。将控制端 M_1,M_0 置 "0,0",输出端 Q_3,Q_2,Q_1,Q_0 分别接电平指示灯,数据输入 D_3,D_2,D_1,D_0 置任意数,在 CP 端加单次脉冲,观察 Q_3,Q_2,Q_1,Q_0 的状态变化,并加以记录。

③ 左移功能。将控制端 M_1 置 "1",M_0 置 "0",输出端 Q_3,Q_2,Q_1,Q_0 分别接指示灯,将 Q_0 接至 D_{SL},在 CP 端加单次脉冲,观察 Q_3,Q_2,Q_1,Q_0 的状态变化,并加以记录。

④ 右移功能。将控制端 M_1 置 "0",M_0 置 "1",输出端 Q_3,Q_2,Q_1,Q_0 分别接指示灯,将 Q_3 接至 D_{SR},在 CP 端加单次脉冲,观察 Q_3,Q_2,Q_1,Q_0 的状态变化,并加以记录。

(2) 用两片 74LS194 进行级连,扩展成八位双向移位寄存器

① 画出逻辑电路图，按图连线。

② 自拟表格，验证其逻辑功能（输出端接发光二极管）。

（3）设计一个能自启动的 4 位环形计数器或 4 位扭环形计数器

① 画出状态转换图，写出功能表，表格自拟。

② 画出逻辑电路图，按图连线。

③ 记录实验结果，验证其逻辑功能（输出接发光二极管）。

2.8.4 实验设备与元器件

① YB02－8 电工电子综合实验箱；

② 双踪示波器；

③ 数字万用表；

④ 集成电路 74LS194，74LS00 及相关门电路。

2.8.5 思考题

① 用移位寄存器 74LS194 和与非门 74LS00 设计一个七进制计数器。

提示：将控制端 M_1 置 "0"，M_0 置 "1"，用与非门 74LS00 实现 $\overline{Q_2 Q_3} = D_{SR}$。

② 用移位寄存器 74LS194、全加器 74LS183、D 触发器 74LS74 设计一个串行累加器。累加器的构成原理见图 2-8-4。要求：画出逻辑电路图，设计相应的实验步骤及实验记录表格，先用 Multisim 软件仿真，然后用实验进行验证。

③ 用两片移位寄存器 74LS194 和适当的门电路设计一个七位串/并行数据转换电路。

要求：画出逻辑电路图，设计相应的实验步骤及实验记录表格，先用 Multisim 软件仿真，然后用实验进行验证。

2.8.6 实验报告要求

① 写出实验内容与步骤，画出逻辑电路图。

② 记录实验结果，整理实验数据。

③ 对实验结果进行分析讨论。

2.9 实验九　集成 555 定时器及其应用

2.9.1 实验目的

① 熟悉集成 555 定时器的工作原理及其特点。

② 掌握集成 555 定时器的基本应用。

2.9.2 实验原理

（1）集成 555 定时器的工作原理

集成 555 定时器是数字、模拟混合型的中规模集成电路，它是一种产生时间延迟和多种脉冲信号的电路，应用十分广泛。其电路类型有双极型和 CMOS 型两大类，二者的结构与工作原理类似。几乎所有的双极型产品型号最后的 3 位数码都是 555 或 556，所有的 CMOS 产品型号最后 4 位数码都是 7555 或 7556，二者的逻辑功能和引脚排列完全相同，便于互换。555 和 7555 是单定时器，556 和 7556 是双定时器。双极型 555 的电源电压 V_{CC} 为 $+5\sim+15V$，输出最大电流可达 200mA，带负载能力强，可直接驱动小电机、喇叭、继电器等负载。CMOS 型 555 的电源电压为 $+3\sim+18V$，输出最大电流小于 4mA，输出驱动能力较低，但是它具有输入阻抗高、低功耗的特点，因此特别适用于长延时、功耗小的场合。

下面以比较常用的双列直插式 TTL 集成 555 定时器为例进行介绍。555 定时器的内部电路结构如图 2-9-1 所示。它含有两个电压比较器，一个基本 RS 触发器，一个放电开关管 T。比较器的参考电压由 3 只 $5k\Omega$ 电阻器构成的分压器提供，它们分别使高电平比较器 C_1 的同相输入端和低电平比较器 C_2 的反相输入端的参考电平为 $2V_{CC}/3$ 和 $V_{CC}/3$。比较器 C_1 与 C_2 的输出端控制 RS 触发器状态。放电开关管 T 导通时，将给接于脚 7 的电容器提供低阻放电通路。

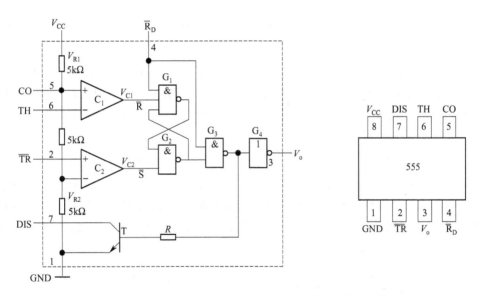

图 2-9-1　集成 555 定时器的内部电路结构和引脚排列图

555 定时器的引脚功能如下。

$\overline{R}_D$：复位端，低电平有效。当 $\overline{R}_D=0$ 时，555 定时器输出低电平，放电管 T 导通。正常工作时 $\overline{R}_D$ 端开路或接 V_{CC}。

CO：控制电压端。若 CO 端外接一个输入电压，则可以改变比较器 C_1 及 C_2 的参考电平，即改变两个比较器的阈值电压。在不接外加电压时，通常接一个 $0.01\mu F$ 的电容器到地，起滤波作用，以消除外来的干扰，确保参考电平的稳定。

TH：高电平触发端。是比较器 C_1 的反相输入端。

$\overline{TR}$：低电平触发端。是比较器 C_2 的同相输入端。

每个比较器的输入和输出之间的关系符合如下规律：

当 $V_+ > V_-$ 时，V_o 输出高电平；

当 $V_+ < V_-$ 时，V_o 输出低电平。

DIS：放电端。与内部的放电管 T 的集电极相连。

V_o：输出端。

V_{CC}，GND：电源端与接地端。

555 定时器的功能如表 2-9-1 所示。当输入信号自 6 脚，即高电平触发端输入并超过参考电平 $2V_{CC}/3$ 时，触发器复位，555 的输出端 3 脚输出低电平，同时放电开关管导通；当输入信号自 2 脚，即低电平触发端输入并低于 $V_{CC}/3$ 时，触发器置位，555 的 3 脚输出高电平，同时放电开关管截止。

表 2-9-1　555 定时器功能表

$\overline{R}_D$	V_{TH}	V_{TR}	V_o	放电管 T
0	×	×	0	导通
1	$>2V_{CC}/3$	$>V_{CC}/3$	0	导通
1	$<2V_{CC}/3$	$>V_{CC}/3$	不变	不变
1	×	$<V_{CC}/3$	1	截止

（2）集成 555 定时器的典型应用

555 定时器主要是与电阻、电容构成充放电电路，并由两个比较器来检测电容器上的电压，以确定输出电平的高低和放电开关管的通断。这就很方便地构成从微秒到数十分钟的延时电路，可构成单稳态触发器、多谐振荡器、施密特触发器等脉冲产生或波形变换电路。

① 构成单稳态触发器。在图 2-9-2(a) 中，由 555 定时器和外接定时元件 R，C 构成的单稳态触发器。触发电路由 C_1，R_1，D 构成，其中 D 是钳位二极管。稳态时 555 电路的输入端处于电源电平，内部放电开关管 T 导通，输出端 V_o 输出低电平。当有一个外部负脉冲触发信号经电容 C_1 加到 2 端，并使 2 端电位瞬时低于 $V_{CC}/3$ 时，低电平比较器 C_2 动作，单

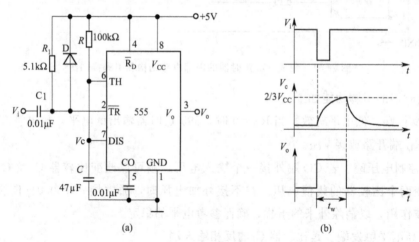

(a)　　　　　　　　　　(b)

图 2-9-2　单稳态触发器

稳态电路即开始一个暂态过程，电容 C 开始充电，V_c 按指数规律增长。当 V_c 充电到 $2V_{CC}/3$ 时，高电平比较器 C_1 动作，输出 V_o 从高电平返回低电平，放电开关管 T 重新导通，电容 C 上的电荷很快经放电开关管 T 放电，暂态结束，恢复稳态，为下一个触发脉冲的来到做好准备。波形如图 2-9-2(b) 所示。

暂稳态的持续时间 t_w（即为延时时间）决定于外接元件 R，C 值的大小。

$$t_w \approx 1.1RC$$

通过改变 R，C 的大小，可使延时时间在几个微秒到几十分钟之间变化。当这种单稳态电路作为计时器时，可直接驱动小型继电器，并可以使用复位端（4 脚）接地的方法来中止暂态，重新计时。此外，尚须用一个续流二极管与继电器线圈并接，以防继电器线圈反电势损坏内部功率管。

② 构成多谐振荡器。在图 2-9-3(a) 中，由 555 定时器和外接元件 R_1，R_2，C 构成多谐振荡器，脚 2 与脚 6 直接相连。电路没有稳态，仅存在两个暂稳态，电路亦不需要外加触发信号，利用电源通过 R_1，R_2 向 C 充电，以及 C 通过 R_2 向 7 脚放电端放电，使电路产生振荡。电容 C 在 $V_{CC}/3$ 和 $2V_{CC}/3$ 之间充电和放电，其波形如图 2-9-3(b) 所示。

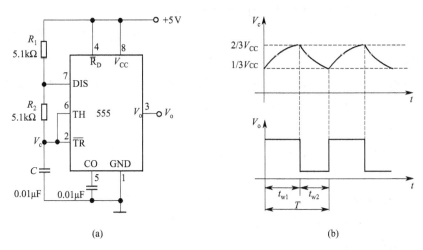

(a)　　　　　　　　　(b)

图 2-9-3　多谐振荡器

输出信号的周期是

$$T = t_{w1} + t_{w2}，\quad t_{w1} = 0.7(R_1 + R_2)C，\quad t_{w2} = 0.7R_2C$$

555 电路要求 R_1 与 R_2 均应大于或等于 $1k\Omega$，但 $R_1 + R_2$ 应小于或等于 $3.3M\Omega$。外部元件的稳定性决定了多谐振荡器的稳定性，555 定时器配以少量的元件即可获得较高精度的振荡频率和具有较强的功率输出能力，因此这种形式的多谐振荡器应用很广泛。

图 2-9-4 所示的电路组成占空比可调的多谐振荡器。它比图 2-9-3 所示电路增加了一个电位器和两个导引二极管。D_1，D_2 用来决定电容充、放电电流流经电阻的途径（充电时 D_1 导通，D_2 截止；放电时 D_2 导通，D_1 截止）。

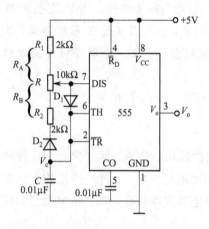
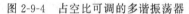

图 2-9-4　占空比可调的多谐振荡器

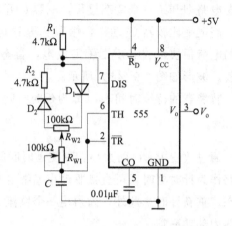

图 2-9-5　占空比与频率均可调的多谐振荡器

其占空比 P 为：

$$P=\frac{t_{w1}}{t_{w1}+t_{w2}}\approx\frac{0.7R_{A}C}{0.7C(R_{A}+R_{B})}=\frac{R_{A}}{R_{A}+R_{B}}$$

若取 $R_{A}=R_{B}$，电路即可输出占空比为 50% 的方波信号。

图 2-9-5 所示的电路是占空比连续可调并能调节振荡频率的多谐振荡器。对 C 充电时，充电电流通过 R_1，D_1，R_{w2} 和 R_{w1}；放电时通过 R_{w1}，R_{w2}，D_2，R_2。当 $R_1=R_2$，R_{w2} 调至中心点时，因充放电时间基本相等，其占空比约为 50%，此时调节 R_{w1} 仅改变频率，占空比不变。如 R_{w2} 调至偏离中心点，再调节 R_{w1}，不仅振荡频率改变，而且对占空比也有影响。R_{w1} 不变，调节 R_{w2}，仅改变占空比，对频率无影响。因此，当接通电源后，应首先调节 R_{w1} 使频率至规定值，再调节 R_{w2}，以获得需要的占空比。若频率调节的范围比较大，还可以改变 C 的值。

③ 构成施密特触发器。在图 2-9-6(a) 中，将 555 定时器的高电平触发端 TH 和

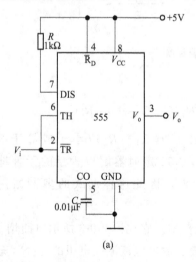

(a)

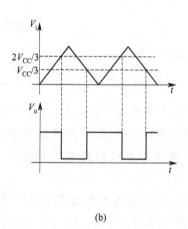

(b)

图 2-9-6　施密特触发器

低电平触发端 $\overline{\text{TR}}$ 相连，作为触发信号输入端，就构成了施密特触发器。施密特触发器有两个稳定状态，两个状态的维持和转换均与输入电压的大小有关，且输出电压由高电平到低电平的转换和低电平到高电平转换所需的输入触发电平（即阈值电压）不同。

由 555 定时器的电路结构和功能表可知，当 $V_i < V_{CC}/3$ 时，输出 V_o 为高电平，V_i 上升到大于 $V_{CC}/3$ 而小于 $2V_{CC}/3$ 时，输出 V_o 仍保持高电平，直到 $V_i > 2V_{CC}/3$ 后，V_o 才降为低电平，此时的输入电压 V_i（$\approx 2V_{CC}/3$）称为上限阈值电压 V_{T+}；V_i 上升到最大值后开始下降，当 $V_{CC}/3 < V_i < 2V_{CC}/3$ 时，输出 V_o 仍保持低电平，直到 $V_i < V_{CC}/3$ 后，V_o 又恢复为高电平，此时的输入电压 V_i（$\approx V_{CC}/3$）称为下限阈值电压 V_{T-}。两阈值电压之差 ΔV_T（$= V_{T+} - V_{T-}$）称为回差电压。其波形如图 2-9-6(b) 所示。

图 2-9-7(a) 所示电路中，在 CO 外加控制电压 V_{CO}，则上、下阈值电压分别为 V_{CO} 和 $V_{CO}/2$，通过调节电位器 R_W 改变 V_{CO} 的大小，从而改变阈值电压，使输出波形的占空比可调。

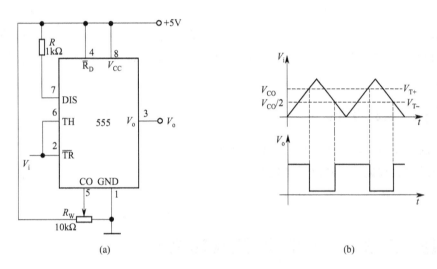

(a)　　　　　　　　　　　　　(b)

图 2-9-7　阈值电压可调的施密特触发器

2.9.3　实验内容

（1）单稳态触发器

① 按图 2-9-2(a) 连线，取 $R = 100\text{k}\Omega$，$C = 47\mu\text{F}$，输入信号 V_i 接单次脉冲，用双踪示波器观测 V_i，V_c，V_o 波形，测定幅度与暂稳态时间。

② 将 R 改为 $1\text{k}\Omega$，C 改为 $0.1\mu\text{F}$，输入端加 1kHz 的连续脉冲，观测波形 V_i，V_c，V_o，测定幅度与暂稳态时间。

（2）多谐振荡器

① 按图 2-9-3(a) 接线，用双踪示波器观测 V_c 与 V_o 的波形，测定频率。

② 按图 2-9-4 接线，组成占空比为 50% 的方波信号发生器。观测 V_c，V_o 波形，测定波形参数。

③ 按图 2-9-5 接线，调节 R_{w1} 和 R_{w2}，用示波器观测输出波形的变化。

（3）施密特触发器

① 按图 2-9-6 接线，V_i 端加三角波，用双踪示波器观测 V_o 的波形，测定频率。

② 按图 2-9-7 接线，调节 R_w，用示波器观测输出波形 V_o 的变化。

2.9.4　实验设备与元器件

① YB02-8 电工电子综合实验箱；

② 双踪示波器；

③ 函数信号发生器；

④ 集成 555 芯片、二极管 CK13、电位器、电阻、电容若干。

2.9.5　思考题

① 利用 555 定时器设计制作一个触摸式开关定时控制器，每当用手触摸一次，电路即输出一个宽度为 10s 的正脉冲信号。

② 用 555 定时器设计一个音频信号发生器，要求其振荡频率在 3～10kHz 范围内可调。

以上设计任务要求写出设计过程；画出电路设计图，选取元件；按图连接线路，验证电路功能。

2.9.6　实验报告要求

① 写出实验内容与步骤，画出实验电路图。

② 记录实验数据，绘制出观测到的波形。

③ 整理实验数据，分析、总结实验结果。

2.10　实验十　A/D 和 D/A 转换器

2.10.1　实验目的

① 了解 A/D 和 D/A 转换器的基本工作原理。

② 掌握集成 A/D 和 D/A 转换器的功能及其应用。

2.10.2　实验原理

A/D 转换器和 D/A 转换器是数字设备与控制对象之间的接口电路，是数字系统的重要组成部分。A/D 转换是将输入的模拟量（电压或电流）转换为与之成比例的二进制代码，而 D/A 转换则是将输入的一个 n 位的二进制数转换成与之成比例的模拟量（电压或电流）。下面以常用的集成的 A/D、D/A 转换器为例，介绍其工作原理及典型应用。

（1）A/D 转换器——ADC0809

ADC0809 是采用 CMOS 工艺制成的 8 位逐次逼近式 A/D 转换器。它由一个 8 路模拟开关、一个地址锁存与译码器、一个 8 位 A/D 转换器和一个三态输出锁存器组成。多路开关可选通 8 个模拟通道，允许 8 路模拟量分时输入，共用 A/D 转换器进行转换。三态输出锁存器用于锁存 A/D 转换完的数字量。

图 2-10-1 是 ADC0809 的连线图。

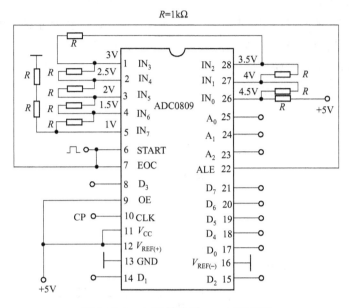

图 2-10-1　A/D 转换器——ADC0809

ADC0809 的引脚功能详述如下。

$IN_0 \sim IN_7$：8 路模拟量输入端。ADC0809 对输入模拟量的要求：信号单极性，电压范围是 $0 \sim 5V$，若信号太小，必须放大。输入的模拟量在转换过程中应保持不变，若模拟量变化太快，则需在输入前增加采样保持电路。

$D_0 \sim D_7$：8 位数字量输出端。是三态可控输出，因此可直接和微处理器数据线连接。

$A_0 \sim A_2$：3 位地址输入端，用于选通 8 路模拟输入中的一路。

ALE：地址锁存允许端，是输入信号，高电平有效。

START：A/D 转换启动端，是输入信号，高电平有效。

EOC：A/D 转换结束信号端，是输出信号。当 A/D 转换结束时，此端输出一个高电平（转换期间一直为低电平）。

OE：数据输出允许信号端，是输入信号，高电平有效。当 A/D 转换结束时，此端输入一个高电平，才能打开输出三态门，输出数字量。

CLK：时钟脉冲输入端。要求时钟频率不高于 640kHz。

$V_{REF(+)}$，$V_{REF(-)}$：基准电压输入端。

ADC0809 的工作过程是这样的：首先输入 3 位地址 $A_2 A_1 A_0$，并使 ALE＝1，将地址存入地址锁存器中，此地址经译码选通 $IN_0 \sim IN_7$ 中的一路模拟信号。START 上升沿将逐次逼近寄存器复位，下降沿启动 A/D 转换。之后 EOC 输出信号变低，指示转换正在进行。直到 A/D 转换完成，EOC 变为高电平，指示 A/D 转换结束，数据结果已存入锁存器。当 OE 输入高电平时，输出三态门打开，转换结果的数字量输出到数据总线上。

（2）D/A 转换器——DAC0832

DAC0832 是采用 CMOS 工艺制成的单片电流输出型 8 位 D/A 转换器。它由一个 8 位输入寄存器，一个 8 位 DAC 寄存器和一个 8 位 D/A 转换器所构成。DAC0832 有两级锁存器，第一级是输入锁存器，第二级是 DAC 寄存器。因此 DAC0832 可以工作在双缓冲模式下，这样在输出模拟信号的同时可以采集下一个数字量，有效提高转换速度。由于 DAC0832 转换输出的是电流，所以，当要求转换结果不是电流而是电压时，可以在 DAC0832 的输出端接运算放大器，将电流信号转换成电压信号。

图 2-10-2 是 DAC0832 的连线图。

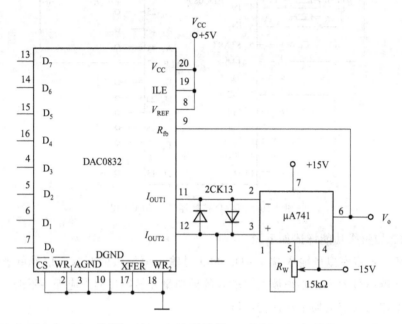

图 2-10-2 D/A 转换器——DAC0832

DAC0832 的引脚功能详述如下。

$D_7 \sim D_0$：8 位数字量输入端。D_7 为最高位，D_0 为最低位。

I_{OUT1}：模拟电流输出端 1。当 DAC 寄存器中数据全为 1 时，输出电流最大，当 DAC 寄存器中数据全为 0 时，输出电流为 0。

I_{OUT2}：模拟电流输出端 2。I_{OUT2} 与 I_{OUT1} 的和为一个常数，即 $I_{OUT1} + I_{OUT2} =$ 常数。

R_{fb}：反馈电阻引出端。DAC0832 内部已经有反馈电阻，所以 R_{fb} 端可以直接接到外部运算放大器的输出端，这样相当于将一个反馈电阻接在运算放大器的输出端和输入端之间。

V_{REF}：参考电压输入端，其电压范围为 $-10 \sim +10\mathrm{V}$。

$\overline{CS}$：片选信号端。

ILE：输入寄存器锁存使能端。它与 $\overline{WR_1}$ 及 $\overline{CS}$ 信号共同控制输入寄存器选通。

$\overline{XFER}$：控制传送信号输入端。用来控制 $\overline{WR_2}$，选通 DAC 寄存器。

$\overline{WR_1}$：写信号 1 端。当 $\overline{CS} = 0$，ILE = 1，$\overline{WR_1} = 0$ 时，才能把数据总线上的数据写入寄存器中。

$\overline{WR_2}$：写信号 2 端。当 $\overline{XFER}=0$，$\overline{WR_2}=0$ 时，数据从输入寄存器传送到 DAC 寄存器。

V_{CC}：芯片工作电压。范围为 $+5\sim+15V$。

AGND：模拟电路接地端。

DGND：数字电路接地端。

2.10.3　实验内容

（1）测试 ADC0809 的功能

按图 2-10-1 接线。8 路输入模拟信号 $1\sim4.5V$，由 $+5V$ 电源经电阻 R 分压组成，转换结果 $D_0\sim D_7$ 接逻辑电平显示，CP 时钟脉冲由计数脉冲源提供，取 $f=100kHz$，$A_0\sim A_2$ 地址端接逻辑电平开关。接通电源后，在启动端（START）加单次脉冲，下降沿一到即开始 A/D 转换。

按表 2-10-1 的要求观察，记录 $IN_0\sim IN_7$ 八路模拟信号的转换结果，将转换结果换算成十进制数表示的电压值，并与数字电压表实测和各路输入电压值进行比较，分析误差原因。

表 2-10-1　A/D 转换测试表

被选模拟通道	输入模拟量	地　址	输　出　数　字　量								
IN_0	V_i/V	$A_2A_1A_0$	D_7	D_6	D_5	D_4	D_3	D_2	D_1	D_0	十进制
IN_1	4.5	000									
IN_2	4.0	001									
IN_3	3.5	010									
IN_4	3.0	011									
IN_5	2.5	100									
IN_6	2.0	101									
IN_7	1.5	110									
IN_8	1.0	111									

（2）D/A 转换器——DAC0832

按图 2-10-2 接线，电路接成直通方式，即 $\overline{CS}$，$\overline{WR_1}$，$\overline{WR_2}$，$\overline{XFER}$ 接地；ILE，V_{CC}，V_{REF} 接 $+5V$ 电源；$D_7\sim D_0$ 接逻辑开关，输出端 V_o 接直流数字电压表。

令 $D_7\sim D_0$ 全置零；调节运算放大器的电位器 R_W 使 $\mu A741$ 输出为零。

按表 2-10-2 所列的输入数字信号，用数字电压表测量运算放大器的输出电压 V_o，将测量结果填入表 2-10-2 中，并与理论值进行比较。

表 2-10-2　D/A 转换测试表

输入数字量								输出模拟量 V_o/V
D_7	D_6	D_5	D_4	D_3	D_2	D_1	D_0	$V_{CC}=+5V$
0	0	0	0	0	0	0	0	
0	0	0	0	0	0	0	1	

续表

输入数字量								输出模拟量 V_o/V
D_7	D_6	D_5	D_4	D_3	D_2	D_1	D_0	$V_{CC} = +5V$
0	0	0	0	0	0	1	0	
0	0	0	0	0	1	0	0	
0	0	0	0	1	0	0	0	
0	0	0	1	0	0	0	0	
0	0	1	0	0	0	0	0	
0	1	0	0	0	0	0	0	
1	0	0	0	0	0	0	0	
1	1	1	1	1	1	1	1	

2.10.4 实验设备与元器件

① YB02-8 电工电子综合实验箱；

② 双踪示波器；

③ 数字万用表；

④ 集成芯片 ADC0809，DAC0832，μA741。

2.10.5 思考题

① 在 A/D 转换中，若模拟电压输入大于 5V，电路应如何改接？

② DAC0832 通常是和计算机系统相连进行有关操作，本实验中仅用直通工作方式来研究 DAC0832 的某些功能特点。查阅相关资料，了解 DAC0832 还有哪些工作方式，各有什么特点？

2.10.6 实验报告要求

① 画出实验电路图，记录实验数据。

② 整理所测实验数据，分析理论值和实际值的误差。

③ 绘出所测得的电压波形，并进行比较分析。

2.11 实验十一　随机存储器及其应用

2.11.1 实验目的

① 熟悉随机存储器 RAM 的性能特点。

② 掌握随机存储器 RAM2114 的读写控制电路的设计，并学会 2114 的扩展应用。

2.11.2 实验原理

在计算机和许多其他数字系统中，需要用半导体存储器来存放二进制信息，进行各种特定的操作。半导体存储器按读写功能分为两种：一种是随机存储器（RAM），另一种是只读存储器（ROM）。随机存储器（RAM）又称为读写存储器，在工作过程中，既可以从 RAM 的任意单元读出信息，又可以把外部信息写入任意单元。这里我们选用随机存储器 RAM，对其进行读写控制电路的设计。

（1）随机存储器 RAM

RAM 的集成电路产品很多，有 1 位、4 位、8 位等随机存储器 RAM。例如，存储容量较小的 C850 为 64×1 位静态随机存储器，存储容量中等的 2114 为 1024×4 位的静态随机存储器，存储容量较大的 6116 为 2K×8 位的静态随机存储器等。不论哪一种存储器，其内部结构大致相同，不同的是其内部的存储单元多或少，地址码的多或少。图 2-11-1 为 RAM 典型结构图。它由下列三部分组成。

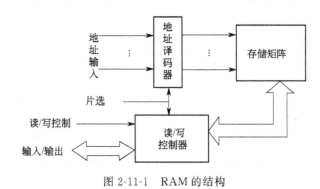

图 2-11-1　RAM 的结构

① 地址译码器。将外来输入的地址信号，经译码找到相应的存储单元。

② 存储矩阵。由若干存储单元组成，这些存储单元按一定的规律排列成矩阵形式，形成存储矩阵。

③ 读/写控制电路。用于对数据的读出和写入的控制。

由于集成度的限制，一片 RAM 能存储的信息是有限的，常常不能满足实际需要，因此需要对存储器进行扩展，把若干片 RAM 连在一起，就可以构成大容量的存储系统。为了保证多片 RAM 共享数据总线，每片 RAM 的数据线都是通过三态门进行输出的。每片 RAM 都有"片选"信号，当该片 RAM 被选中时，其数据可与系统的数据线连接，其他 RAM 数据线则处于高阻状态，输出无效。

（2）RAM 2114 的应用

图 2-11-2 所示为 RAM 2114 的引脚排列图和逻辑符号。

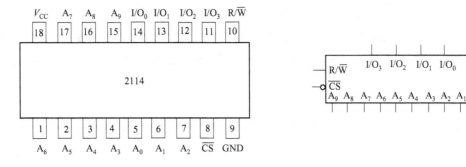

图 2-11-2　2114 引脚排列和逻辑符号

RAM 2114 的引脚功能详述如下。

$A_0 \sim A_9$：地址码输入端。

$I/O_0 \sim I/O_3$：数据输入/输出端。

$\overline{CS}$：片选端。$\overline{CS}=1$ 时，芯片未选中，此时 I/O 为高阻态；$\overline{CS}=0$ 时，2114 被选中，这时数据可以从 I/O 端输入/输出。

$R/\overline{W}$：读/写控制端。$R/\overline{W}=0$，则为数据输入（写），即把 I/O 数据端的数据存入由 $A_9 \sim A_0$ 所决定的某存储单元里；若 $R/\overline{W}=1$，则为数据输出（读），即把由 $A_9 \sim A_0$ 所决定的某一存储单元的内容送到数据 I/O 端。

V_{CC}，GND：电源端、接地端。2114 的电源电压为 5V，输入输出电平与 TTL 兼容。

其工作模式见表 2-11-1 中所列。

表 2-11-1　RAM 2114 工作模式表

$\overline{CS}$	$R/\overline{W}$	$I/O_0 \sim I/O_3$	工作模式
1	×	高阻	未选中
0	0	输入数据	写操作
0	1	输出数据	读操作

存储器的读写时序是比较严格的。当进行读操作时，时序为先有地址、片选信号，再有读信号。当进行写操作时，其时序是先有地址信号，再有片选信号和写信号。它们的时间都是纳秒级，2114 有效地址最短时间是 200ns。必须注意，在地址改变期间，$R/\overline{W}$ 和 $\overline{CS}$ 中要有一个处于高电平（或者两者全高），否则会引起误写，冲掉原来的内容。

2114 的输入/输出数据是 4 位的，若要获得 8 位数据，则可用两片 2114 扩展，组成 1K×8 位的存储器 RAM。同样，也可以组成 2K×4 位，2K×8 位的存储器扩展电路。

2.11.3　实验内容

（1）随机存储器 RAM 2114 的功能验证

图 2-11-3 所示为 2114 进行读写控制的原理电路图。用双 D 触发器 74LS74 或双 JK 触发器 74LS76（74LS112）两片，组成一个 4 位二进制加法计数器（也可用 74LS90 组成一个 8421 BCD 码计数器）作为地址码的输入信号。计数器的 CP 脉冲接单次脉冲信号，$\overline{R}_D$ 接逻辑开关高电平。将计数器的输出接至 RAM 2114 的 $A_3 \sim A_0$，$A_4 \sim A_9$ 分别接地，$I/O_0 \sim I/O_3$ 接数据开关 $D_0 \sim D_3$，并接 4 只 LED 发光二极管，$\overline{CS}$ 接逻辑电平开关，$R/\overline{W}$ 接逻辑电平开关或单脉冲信号。

① RAM 2114 写操作。

a. 计数器清零，然后使计数器处于计数工作方式。即 $\overline{R}_D$ 端先输入一个复位信号 0，然后再将 $\overline{R}_D$ 端置 1。

b. 将 $\overline{CS}$ 开关置 0，使数据开关 $D_3 \sim D_0$ 为 1111 状态，然后将 $R/\overline{W}$ 开关置 0，再置 1，

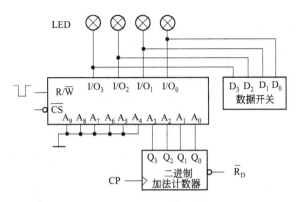

图 2-11-3 随机存储器 2114 原理电路图

这时 1111 就写入 0000 号单元中。

c. 按动一次单次脉冲，计数器变为 0001，改变 $D_3 \sim D_0$ 为 1110，将 $R/\overline{W}$ 开关置 0，再置 1，即把 1110 写入 0001 号单元中。

d. 依此类推，每按一次单次脉冲，改变一次 $D_3 \sim D_0$ 的状态，$R/\overline{W}$ 端发出一个写脉冲，这样就将 0000～1111 的 16 个单元中分别写入与表 2-11-2 相同的内容。

表 2-11-2 2114 存储单元写入内容

$\overline{CS}$	内存单元地址	$D_3 \quad D_2 \quad D_1 \quad D_0$	$R/\overline{W}$
0	0000	1111	⊔
0	0001	1110	⊔
0	0010	1101	⊔
0	0011	1100	⊔
0	0100	1011	⊔
0	0101	1010	⊔
0	0110	1001	⊔
0	0111	1000	⊔
0	1000	0111	⊔
0	1001	0110	⊔
0	1010	0101	⊔
0	1011	0100	⊔
0	1100	0011	⊔
0	1101	0010	⊔
0	1110	0001	⊔
0	1111	0000	⊔

② RAM 2114 读操作。

a. 在写完之后，将 $I/O_3 \sim I/O_0$ 与数据开关的连线断开，只接 LED 发光二极管。将计数器清 0，再置 $R/\overline{W}$ 端为高电平。

b. 按动单次脉冲，观察 $I/O_3 \sim I/O_0$ 指示灯的状态，即读出的数据是否和表 2-11-2

一致。

c. 将 $\overline{CS}$ 置 1，用万用表测量 $I/O_3 \sim I/O_0$ 的电平。

（2）RAM2114 扩展成 1K×8 位

图 2-11-4 所示为 2114 进行位扩展的原理电路图。

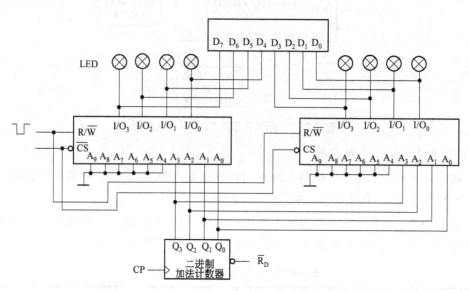

图 2-11-4　两片 RAM 存储器扩展为 1K×8 位实验电路

① 写操作。将两片 $\overline{CS}$ 置 0，其余操作方法同实验内容（1）⇒①，即"RAM2114 写操作"，数据 $D_7 \sim D_0$ 的值可以自行设定。

② 读操作。将上面写入的数据，按实验内容（1）⇒②，即"RAM2114 读操作"的读操作方法，逐一读出并进行比较对照。

2.11.4　实验设备与元器件

① YB02-8 电工电子综合实验箱；

② 数字万用表；

③ 集成电路 2114，74LS74 等。

2.11.5　思考题

设计用 RAM2114 扩展成 2K×8 位的存储器。

2.11.6　实验报告要求

① 写出实验方案，画出电路连线图。

② 设计实验步骤及所需的实验表格。

③ 记录实验数据，分析实验结果。

第3章 数字电子技术综合实验

3.1 实验一 彩灯循环控制电路设计

3.1.1 设计任务

设计一种彩灯循环控制电路，利用发光二极管作为彩灯指示，实现发光二极管依次点亮形成移动的光点并不断循环，彩灯循环的时间可以调节。要求如下。

① 熟练掌握用 555 定时器构成多谐振荡器的设计思路。

② 熟悉中规模集成计数器和译码器的工作原理。

③ 利用计数器和译码器设计彩灯控制电路，实现流动或滚动的效果。

3.1.2 设计思路

这里采用基本的数字逻辑单元设计简单的彩灯电路，以实现流动或滚动的效果。

彩灯控制电路原理如图 3-1-1 所示，振荡电路产生脉冲，经控制电路和驱动电路来控制显示电路，实现流动或滚动效果。

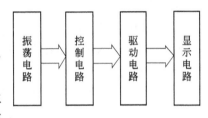

图 3-1-1 彩灯控制电路框图

① 振荡电路。振荡电路为彩灯提供振荡脉冲。常用的振荡电路有晶体振荡器或 555 定时器等。这里采用由 555 定时器构成的多谐振荡器，如图 3-1-2 所示调节 R_P 可获得不同的振荡频率，以改变彩灯流动或滚动的速度。

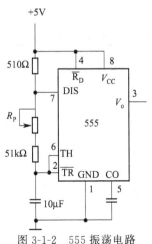

图 3-1-2 555 振荡电路

② 控制电路。为实现流动控制（1次只亮1个灯）或滚动控制（1次只灭1个灯），需要一个脉冲分配电路，该电路可由十六进制计数器74LS161配合译码器74LS138产生，也可以由十进制计数/分配器CD4017产生。

74LS161和74LS138集成芯片前面实验中已经使用过，不再详述。现介绍CD4017集成芯片的工作原理及简单应用。CD4017为十进制计数/分配器，它是由十进制计数器电路和时序译码电路两部分组成。图3-1-3所示为CD4017的外引脚排列图和逻辑符号。

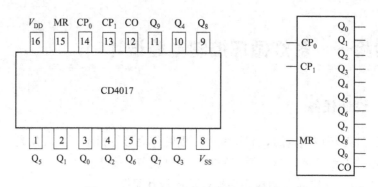

图 3-1-3　CD4017 引脚排列图和逻辑符号

CD4017外引脚排列详述如下。

$Q_9 \sim Q_0$：输出端。

CO：进位输出端。

MR：清零输入端。当在MR端上加高电平或正脉冲时其输出Q_0为高电平，其余输出端$Q_1 \sim Q_9$均为低电平。

CP_0：时钟输入端。脉冲上升沿有效。

CP_1：时钟输入端。脉冲下降沿有效。

CD4017的基本功能是对CP端输入的脉冲个数进行十进制计数，并按照输入脉冲的个数顺序将脉冲分配在$Q_9 \sim Q_0$这十个输出端，计满十个数后计数器复零，同时输出一个进位脉冲。

③ 驱动、显示电路。本电路使用发光二极管作为显示电路，可直接由控制电路驱动，不需要专门设计驱动电路。

图3-1-4和图3-1-5分别是8路、10路流动彩灯控制的参考电路。若要将电路的显示效果改为滚动，如何实现？

::::: 3.1.3　实验报告要求

① 分析设计思路，确定最佳设计方案，画出电路框图。

② 根据技术指标要求确定电路形式，分析电路工作原理，画出电路图。

③ 列出所需元件清单，计算元件参数。

④ 用Multisim软件对电路仿真，观察仿真结果，确定是否需要对电路改进及改进的方法。

⑤ 安装所设计的电路，自行设计实验步骤及实验记录表格。

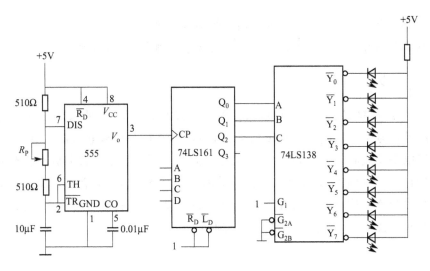

图 3-1-4　8 路流动彩灯控制电路

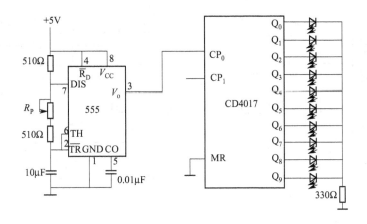

图 3-1-5　10 流动彩灯控制电路

⑥ 记录实验数据，分析实验结果，总结设计经验。

3.2　实验二　数字频率计的设计

3.2.1　设计任务

用中小规模集成电路设计一台简易的数字频率计，频率显示为 4 位，显示量程为 4 挡，用数码管显示。具体解释如下：

1Hz～9.999kHz，闸门时间为 1s；

10Hz～99.99kHz，闸门时间为 0.1s；

100Hz～999.9kHz，闸门时间为 10ms；

1kHz～9999kHz，闸门时间为 1ms。

要求：

① 了解数字频率计测量频率与测量周期的基本原理；

② 熟练掌握数字频率计的设计与调试方法及减小测量误差的方法。

3.2.2 设计思路

图 3-2-1(a) 是数字频率计原理框图。图中，被测信号 V_x 经放大整形电路变成计数器所要求的脉冲信号 I，其频率与被测信号的频率 f_x 相同。时基电路提供标准时间基准信号 II，其高电平持续时间 $t_1=1s$。当 1s 信号来到时，闸门开通，被测脉冲信号通过闸门，计数器开始计数，直到 1s 信号结束时闸门关闭，停止计数。若在闸门时间 1s 内计数器计得的脉冲个数为 N，则被测信号频率 $f_x=N(Hz)$。逻辑控制电路的作用有两个：一是产生锁存脉冲 IV，使显示器上的数字稳定；二是产生 "0" 脉冲 V，使计数器每次测量从零开始计数。

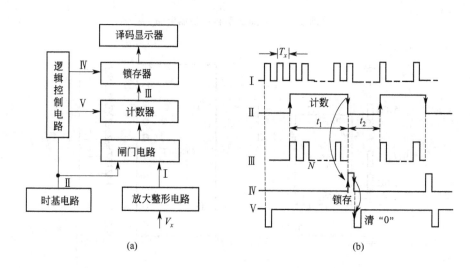

(a)　　　　　　　　　　　(b)

图 3-2-1　数字频率计原理框图

3.2.3 实验报告要求

① 阅读有关频率测量的参考资料，针对设计任务及指标提出两种设计方案，进行方案比较，对选取的方案做可行性论证。

② 画出系统框图。介绍设计思路及工作原理。

③ 电路设计与分析。介绍各单元电路的选型、指标考虑，计算元件参数、确定元件型号，画出电路连线图。

④ 用 Multisim 软件对电路仿真，观察仿真结果，确定是否需要对电路改进及改进的方法。

⑤ 安装调试电路。按照电路图进行器件装配，装配好之后进行电路的调试。分析安装调试中出现的问题，记录现象、波形，找出原因和解决方法。

⑥ 总结设计经验，对设计型综合实验的内容、方法、手段、效果进行全面评价，并提

出改进的意见和建议。

3.3 实验三 多路智力抢答器设计

3.3.1 设计任务

设计一个多路智力竞赛抢答器。可同时供 8 个选手参赛,编号分别为 0～7,每人一个抢答按键。节目主持人一个控制开关,实现系统清零和抢答的开始。具有数据锁存和显示功能。在抢答开始后,如果有选手按下抢答按键,其编号立即锁存并显示在 LED 上,同时扬声器报警,此时禁止其他选手再抢答。选手编号一直保存到主持人清除。

扩展功能:具有定时抢答功能,可由主持人设定抢答时间。当抢答开始后,定时器开始倒计时,并显示在 LED 上,同时扬声器发声提醒;选手在规定时间内抢答有效,停止倒计时,并将倒计时时间显示在 LED 上,同时报警;在规定时间内,无人抢答时,电路报警提醒主持人,此后的抢答按键无效。

要求:

① 熟悉智力竞赛抢答器的工作原理;

② 熟悉抢答电路、优先编码电路、锁存电路、定时电路、报警电路、时序控制电路、译码电路、显示电路及报警电路的设计方法。

3.3.2 设计思路

定时抢答器的总体框图如图 3-3-1 所示,它由主体电路和扩展电路两部分组成。主体电路完成基本的抢答功能,即开始抢答后,当选手按动抢答键时,能显示选手的编号,同时能封锁输入电路,禁止其他选手抢答。扩展电路完成定时抢答的功能。

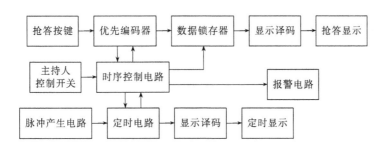

图 3-3-1 定时抢答器总体框图

定时抢答器的工作过程:接通电源时,节目主持人将开关置于“清除”位置,抢答器处于禁止工作状态,编号显示器灭灯,定时器倒计时。当定时时间到没有选手抢答时,系统报警,并封锁输入电路,禁止选手超时后抢答。当选手在定时时间内按动抢答键时,抢答器要完成以下 4 项工作。

① 优先级电路立即分辨出抢答者的编号,并由锁存器进行锁存,然后由译码显示电路

显示编号。

② 扬声器发出短暂声响，提醒节目主持人注意。

③ 控制电路要对输入编码电路进行封锁，避免其他选手再次进行抢答。

④ 控制电路要使定时器停止工作，时间显示器上显示剩余的抢答时间，并保持到主持人将系统清零为止。当选手将问题回答完毕后，主持人操作控制开关，使系统回复到禁止工作状态，以便进行下一轮抢答。

3.3.3 实验报告要求

① 阅读有关智力竞赛抢答器的参考资料，针对设计任务及指标提出两种设计方案，进行方案比较，对选取的方案做可行性论证。

② 画出系统框图。介绍设计思路及工作原理。

③ 电路设计与分析。介绍各单元电路的选型、指标考虑，计算元件参数、确定元件型号，画出电路连线图。

④ 用 Multisim 软件对电路仿真，观察仿真结果，确定是否需要对电路改进及改进的方法。

⑤ 安装调试电路。按照电路图进行器件装配，装配好之后进行电路的调试。分析安装调试中出现的问题，找出原因和解决方法。

⑥ 总结设计经验，对设计型综合实验的内容、方法、手段、效果进行全面评价，并提出改进的意见和建议。

下篇 数字电子技术仿真实验

第4章 Multisim 在数字电子技术中的应用

4.1 逻辑函数的化简及其相互转换

4.1.1 逻辑函数的化简

逻辑函数的化简在数字电路的分析和设计中非常重要，逻辑表达式越简单，它所表示的逻辑关系越明显，同时也有利于用最少的电子器件实现这个逻辑函数。Multisim 环境中提供的逻辑转换仪 Logic Converter 可方便实现逻辑函数的化简，得到逻辑函数的最小项表达式或最简表达式。下面以含无关项的逻辑函数化简为例，说明其化简过程。

例：将逻辑函数

$$Y(A,B,C,D,E)=\sum m(2,9,15,19,20,23,24,25,27,28)+d(5,6,16,31)$$

化简为最简与或表达式。化简过程如下。

① 双击逻辑转换仪图标，打开操作界面，如图 4-1-1 所示。

② 选择变量 A，B，C，D，E后，在下面的真值表区中，左边会自动列出变量的取值。根据所给的逻辑表达式，在右边的函数值一栏中用鼠标选择 0，1 或 x（表达式中存在的最

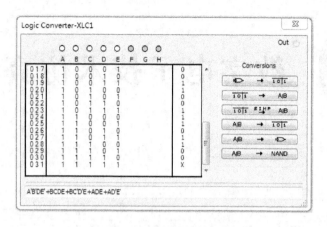

图 4-1-1　逻辑转换仪的操作界面

小项，对应的函数值为 1；表达式中不存在的最小项，对应的函数值为 0；表达式中包含的无关项，对应的函数值为 x）。

注：对于不含无关项的函数表达式，可直接输入到图 4-1-1 所示界面的下部文本框当中。

③ 单击图标 ，可得到最简与或表达式为：

A′B′DE′+BCDE+BC′D′E+ADE+AD′E′，（"′"表示反变量），显示在图 4-1-1 下部的文本框当中。

4.1.2　逻辑函数的相互转换

常用的逻辑函数表示方法有真值表、函数表达式、逻辑图和卡诺图等，本节介绍前面三种以及这三种表示方法之间的相互转换。在 Multisim 仿真环境中，用逻辑转换仪（Logic Converter）可方便实现三种表示方法的相互转换。

创建如图 4-1-2 所示的逻辑电路图，并将逻辑转换仪接入电路。

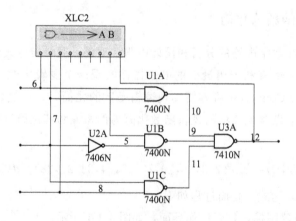

图 4-1-2　逻辑电路图

双击逻辑转换仪图标，打开其操作界面。

单击 [⟞⟞⟞ → 1⎮0⎮1] 按钮，将逻辑图转换为真值表。

单击 [1⎮0⎮1 → A|B] 按钮，可得到该真值表对应最小项表达式：$A'BC+AB'C'+AB'C+ABC'+ABC$。如图 4-1-3 所示。

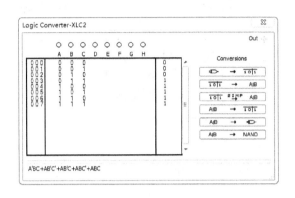

图 4-1-3　真值表转换为最小项表达式

单击 [1⎮0⎮1 →SIMP A|B] 按钮，可得到该真值表对应最简与或表达式：$BC+A$。如图 4-1-4所示。

单击 [A|B → NAND] 按钮，得到该逻辑电路的与非形式的电路，如图 4-1-5 所示。

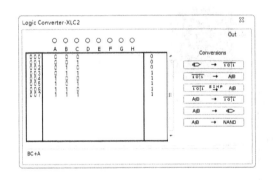

图 4-1-4　真值表转换为最简与或表达式

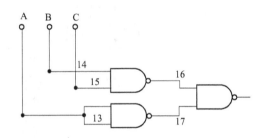

图 4-1-5　逻辑电路转换为与非形式

此外，用逻辑转换仪，还可实现表达式转换为真值表、表达式转换为逻辑图以及表达式转换为与非形式的电路。

4.2　常用数字逻辑器件性能的仿真测试

4.2.1　全加器的功能测试

全加器是常见的算术运算电路，全加器 74LS183 能完成一位二进制数全加的功能。在 NI Multisim 电路窗口创建如图 4-2-1 所示的全加器功能图测试电路。开关 J_1，J_2，J_3 提供输入信号，利用指示灯 X_1，X_2 观测输出结果，验证电路的功能。

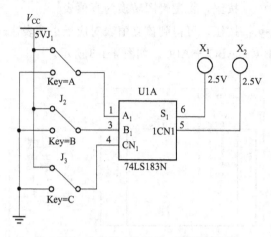

图 4-2-1　全加器 74LS183 功能测试电路

4.2.2　编码器的功能测试

所谓编码，就是在选定的一系列二进制数码中，赋予每个二进制数码以某一固定含义。这里对 8 线-3 线优先编码器 74LS148 进行仿真测试。建立如图 4-2-2 所示的电路。

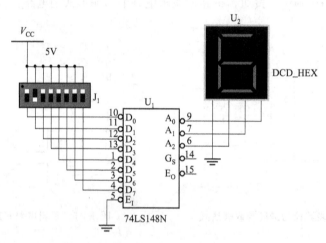

图 4-2-2　编码器 74LS148 功能测试电路

图中 J_1（8 组开关）控制编码器的输入端 $D_0 \sim D_7$，产生输入信号分别为 01111111，10111111，11011111，…，11111101，11111110，使得编码器依次选取不同的输入信号进行编码。输出编码用数码管显示。启动仿真，可观察到数码管依次显示 7，6，5，4，3，2，1，0。

4.2.3　译码器的功能测试

译码器是把一组二进制代码翻译成特定的信号。这里对 3 线-8 线译码器 74LS138 进行仿真测试。建立如图 4-2-3 所示的电路。

图中 A，B，C 是输入端，G_1、$\overline{G_2 A}$、$\overline{G_2 B}$ 是控制端，只有当 G_1 是高电平，$\overline{G_2 A}$、$\overline{G_2 B}$ 为低电平时，译码器才能工作。$Y_0 \sim Y_7$ 是输出端，接电平指示灯。启动仿真，拨动逻辑开关，输入 A，B，C，观察输出指示灯，验证 74LS138 的逻辑功能。

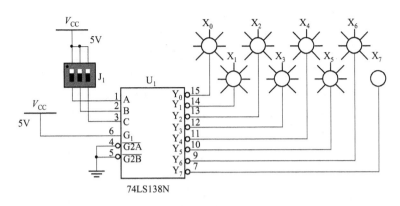

图 4-2-3　译码器 74LS138 功能测试电路

4.2.4　数据选择器的功能测试

数据选择器也叫多路开关，它是从一组数据中选出一路送至输出端。这里以 8 选 1 数据选择器 74LS151 为例进行仿真测试。

建立如图 4-2-4 所示的电路。$\overline{G}$ 为控制端，当 $\overline{G}=1$ 时，数据选择器禁止工作，输出被封锁为低电平。当 $\overline{G}=0$ 时，数据选择器处于工作状态，通过给定地址码 CBA，从 $D_0 \sim D_7$ 这 8 路输入信号中选出 1 路信号至输出端 Y。$\overline{W}$ 是输出 Y 的反变量。输出波形如图 4-2-5 所示。

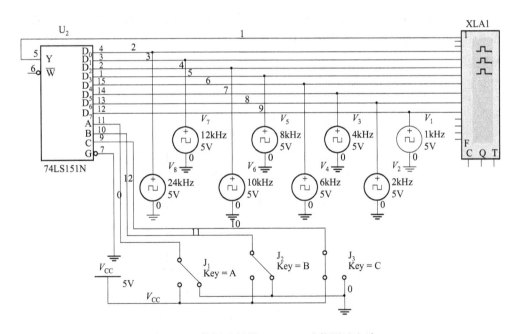

图 4-2-4　数据选择器 74LS151 功能测试电路

74LS151 的逻辑功能也可用逻辑表达式说明，表达式为：

$$Y(\overline{C}\,\overline{B}\,\overline{A})D_0 + (\overline{C}\,\overline{B}A)D_1 + (\overline{C}B\overline{A})D_2 + (\overline{C}BA)_3 + (C\overline{B}\overline{A})D_4 + (C\overline{B}A)D_5 + (CB\overline{A})D_6 + (CBA)D_0$$

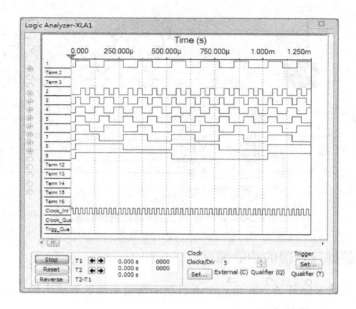

图 4-2-5　数据选择器 74LS151 的工作波形

启动仿真，设定地址码 ABC，观察逻辑分析仪显示的波形，验证 74LS151 的逻辑功能。

4.2.5　触发器的功能测试

触发器是一个具有记忆功能的存储器件，是构建时序逻辑电路的最基本单元。触发器的种类很多，如 RS 触发器、JK 触发器、D 触发器、T 触发器等，这里以 D 触发器为例进行仿真测试。

建立如图 4-2-6 所示的电路。

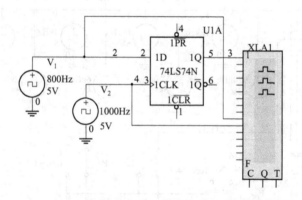

图 4-2-6　D 触发器 74LS74 功能测试电路

D 触发器的特性方程为：$Q^{n+1}=D$。

启动仿真，打开逻辑分析仪，可以观察到在时钟信号的上升沿处，Q 端的输出取决于 D 端的输入，验证了 D 触发器的功能。波形如图 4-2-7 所示。

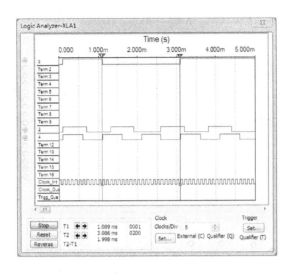

图 4-2-7　D 触发器 74LS74 的工作波形

4.2.6　集成计数器的功能测试

集成计数器也是数字系统中的基本数字部件，常用于进行脉冲个数的计数。这里以计数器 74LS160 为例进行仿真测试。74LS160 是同步可预置十进制计数器，由 4 个 D 触发器和若干个门电路构成，内部有超前进位，具有置数、计数、直接（异步）清零等功能，采用上升沿触发。

建立如图 4-2-8 所示的电路。

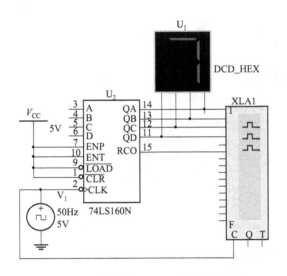

图 4-2-8　计数器 74LS160 功能测试电路

74LS160 的引脚中 $\overline{\text{LOAD}}$ 是置数端，$\overline{\text{CLR}}$ 是清零端，ENT 及 ENP 是使能端。启动仿真，观察数码管的显示和逻辑分析仪的工作波形，验证 74LS160 的逻辑功能。波形如图 4-2-9 所示。

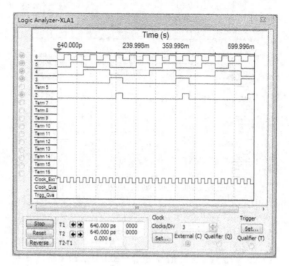

图 4-2-9　计数器 74LS160 的工作波形

4.2.7　移位寄存器的功能测试

74LS194 是四位双向移位寄存器。它是由 4 个 RS 触发器和若干门电路组成，具有并行输入、并行输出、串行输入、串行输出、双向移位、存储数据、直接清零等功能，采用上升沿触发。

建立如图 4-2-10 所示的电路。

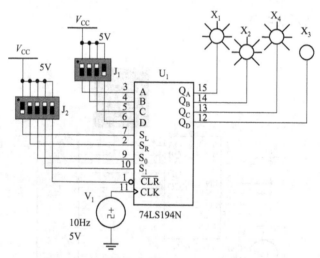

图 4-2-10　移位寄存器 74LS194 功能测试电路

74LS194 的引脚中 $\overline{\text{CLR}}$ 为清零端，CLK 为时钟输入端，S_0 及 S_1 是工作模式控制端，S_R 为右移串行输入端，S_L 为左移串行输入端。启动仿真，改变开关状态，观察输出端指示灯的明暗情况，验证 74LS194 的功能。

4.2.8　555 定时器的功能测试

555 定时器是一种中规模的模数混合集成电路，外接电阻、电容元件可方便地构成单稳、多谐和施密特触发器等电路。

下面以 LM555CM 为例，在 NI Multisim 11 中建立仿真电路，分析 555 定时器的功能。

（1）555 定时器构成施密特触发器

建立如图 4-2-11 所示的电路。

将 555 定时器的引脚 THR 和 TRI 连接在一起接输入信号，输入信号由函数信号发生器产生。引脚 OUT 作为输出信号，接示波器观察输出波形。CON 是电压控制端，通过电容（起滤波作用）接地，此时电路的触发电压由电源 V_{CC} 决定；若 CON 接外加控制电压，则电路的触发电压由外加控制电压决定。施密特触发器的仿真波形如图 4-2-12 所示。

将函数信号发生器的输出波形设为幅值 5V，直流偏置电压 5V，频率 1kHz 的正弦波形。启动仿真，打开示波器，观察并分析施密特触发器是如何对输入波形进行整形和变换。波形如图 4-2-12 所示。

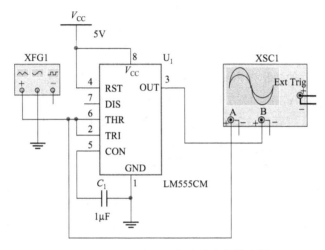

图 4-2-11　555 定时器构成施密特触发器

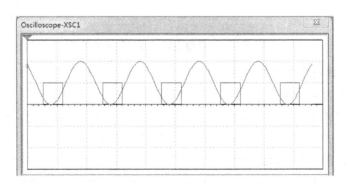

图 4-2-12　施密特触发器的仿真波形

（2）555 定时器构成单稳态触发器

建立如图 4-2-13 所示的电路。

将 555 定时器的 TRI 端作为输入端，接入正弦交流信号，而以电阻 R_1，R_2 和 C_1 组成充放电回路，就构成了单稳态触发器电路。充电时，由电源 V_{CC} 经电阻 R_1，R_2 给电容 C_1 充电；放电时，电容 C_1 经电阻 R_2 及内部的放电管放电。

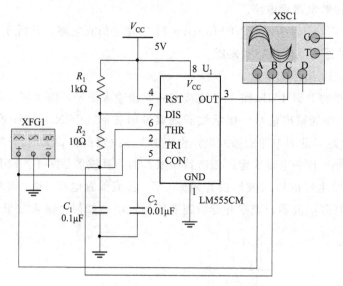

图 4-2-13　555 定时器构成单稳态触发器

将函数信号发生器的输出波形设为幅值 2.5V，直流偏置电压 2.5V，频率 1kHz 的正弦波形。4 通道示波器的 A，B，C 三个通道分别测量输入信号、电容 C_1 两端电压以及输出的电压波形。启动仿真，打开示波器，得到单稳态触发器的仿真结果，如图 4-2-14 所示。

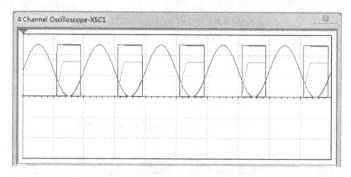

图 4-2-14　单稳态触发器的仿真波形

（3）555 定时器构成多谐振荡器

建立如图 4-2-15 所示的电路。

将 555 定时器的 THR 和 TRI 端连接在一起通过 C_1 接地。充电时，由电源 V_{CC} 经电阻 R_1，R_2 给电容 C_1 充电；放电时，电容 C_1 经电阻 R_2 及内部的放电管放电。

示波器的 A，B 通道分别测量电容 C_1 两端电压以及输出的电压波形，在输出端接数字频率计测量其振荡频率。启动仿真，打开示波器和数字频率计，得到多谐振荡器的仿真结果，如图 4-2-16 所示。

▓ 4.2.9 A/D、D/A 转换器的功能测试

把模拟量转换为数字量的设备称为模数转换器（A/D 转换器，简称 ADC），把数字量转换为模拟量的设备称为数模转换器（D/A 转换器，简称 DAC）。

（1）A/D 转换器功能测试

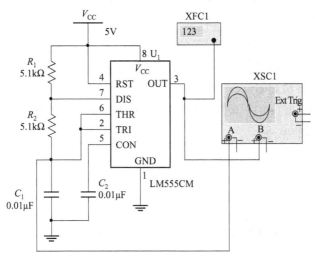

图 4-2-15　555 定时器构成多谐振荡器

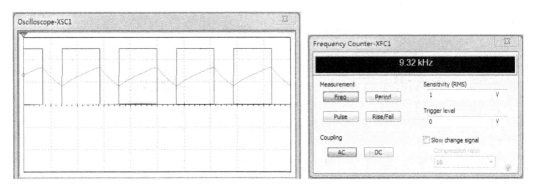

图 4-2-16　多谐振荡器的仿真结果

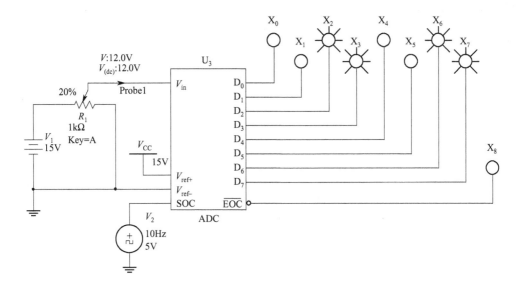

图 4-2-17　A/D 转换电路

ADC 是 NI Multisim 11 软件中能将输入的模拟信号转化为 8 位数字量输出的元件。建立如图 4-2-17 所示的电路。

启动仿真，改变电位器 R_1 的大小，即改变输入的模拟量，观察输出端数字信号的变化。如图中所示，输入端的电压为 12V，此时输出端的数字信号是 11001100。

（2）D / A 转换器功能测试

VDAC8 是 NI Multisim 11 软件中能将输入的 8 位数字量转化为模拟信号输出的元件。建立如图 4-2-18 所示的电路。

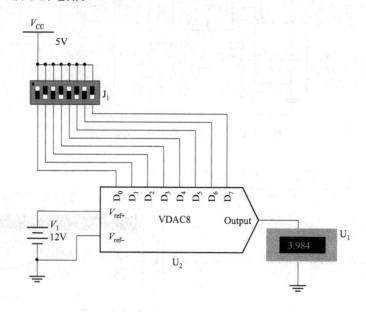

图 4-2-18 D/A 转换电路

启动仿真，改变 J_1 中各开关的位置，即改变输入的数字量，观察输出端电压表示数的变化。如图 4-2-18 中所示，在参考电压是 12V，输入端的数字信号是 01010101 时，输出端的模拟电压是 3.984V。

5.1 8421BCD 码加法器

5.1.1 设计要求

试用全加器 74LS283 实现 8421BCD 码加法运算。

5.1.2 设计分析

8421 码是一种常用的 BCD 编码，用 4 位二进制数表示 1 位十进制数，逢十进一。两个 8421 码的加法运算可以在 4 位二进制加法器（逢十六进一）中进行。由于两种计数制的进位关系不同，所以，在进位方式上需要加一个校正电路，使原来的逢十六进一自动校正为逢十进一，才能得到正确结果。因此，在进行 BCD 码加法时，需要对运算结果进行判断。

电路中使用了两片四位全加器 74LS283，第一片做 4 位二进制加法，运算结果通过适当的门电路进行判断，若和大于 9，则由第二片 74LS283 将输出结果加 6（0110）校正，若和小于或等于 9，则输出结果加 0（0000）校正。

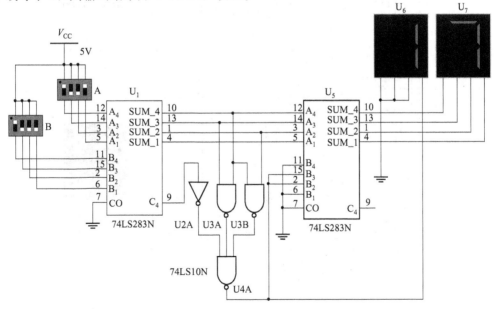

图 5-1-1　8421BCD 码加法运算的仿真电路

5.1.3 仿真电路

在 Multisim 电路窗口中创建如图 5-1-1 所示的仿真电路。

启动仿真，观察图中显示的是 9（1001）＋8（1000）＝17，仿真结果符合设计要求。

5.2 二十五进制减计数器 ◄◄◄◄

5.2.1 设计要求

试用 74LS192 设计一个二十五进制减计数器。

5.2.2 设计分析

74LS192 是带预置输入的十进制加减可逆计数器，因此需要 2 片 74LS192 来实现二十五进制减计数器。为显示直观，将 74LS192 的输出通过译码芯片 74LS47 将 4 位 BCD 码转换成 7 段码，驱动数码管显示计数值。

74LS192 引脚说明如下。

UP：加计数时钟输入端，上升沿有效。

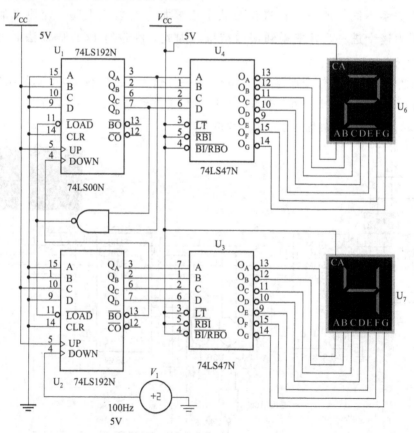

图 5-2-1　二十五进制减计数器仿真电路

DOWN：减计数时钟输入端，上升沿有效。

CLR：清零复位输入端，异步方式，高电平有效。

$\overline{\text{LOAD}}$：预置数控制输入端，异步方式，低电平有效。

D，C，B，A：预置数输入端；

Q_D，Q_C，Q_B，Q_A：计数器输出端。

$\overline{\text{CO}}$：进位输出端，加计数时进入 1001 状态后输出负脉冲。

$\overline{\text{BO}}$：借位输出端，减计数时进入 0000 状态后输出负脉冲。

5.2.3　仿真电路

在 Multisim 电路窗口中创建如图 5-2-1 所示的仿真电路。

启动仿真，可以看到在计数脉冲的作用下，数码管从 24 开始递减，至 0 后重装模值 24，循环往复。仿真结果符合设计要求。

5.3　流水灯电路

5.3.1　设计要求

试用 74LS194 设计一个流水灯电路，流水灯变化规律如图 5-3-1 所示。初始时灯全灭，依次点亮 1、2、3、4 盏灯，再变为 3、2、1 盏灯，然后全灭回到初始状态，循环往复。

5.3.2　设计分析

双向移位寄存器 74LS194 具有存储数据、双向移位、清零和保持等功能。具体说明如表 5-3-1 所示。

其引脚说明如下。

S_L：左移数据输入端，上升沿有效。

S_R：右移数据输入端，上升沿有效。

S_1，S_0：工作模式控制端。

$\overline{\text{CLR}}$：异步清零输入端，低电平有效。

CLK：移位脉冲输入端，上升沿有效。

D，C，B，A：预置数输入端。

Q_D，Q_C，Q_B，Q_A：移位寄存器输出端。

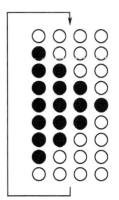

图 5-3-1　流水灯变化规律

表 5-3-1　双向移位寄存器 74LS194 各引脚功能

$\overline{\text{CLR}}$	S_1	S_0	工作状态
0	×	×	清零
1	0	0	保持
1	0	1	右移
1	1	0	左移
1	1	1	并行置数

由图 5-3-1 中灯的亮灭规律看出，在 4 个指示灯全部点亮前，74LS194 应工作于右移模式，且右移数据输入端接高电平 1；当 4 个指示灯全部点亮后，74LS194 应工作于左移模式，且左移数据输入端接低电平 0。本例中，工作模式的转换利用 JK 触发器 74LS73 自动完成，74LS73 的两个互补输出端接到 74LS194 的工作模式控制端 S_1，S_0 上，当高电平 1 右移至 Q_D 时，产生下降沿的触发脉冲，JK 触发器翻转，由右移模式变为左移模式；当低电平 0 左移至 Q_A 时，产生下降沿的触发脉冲，JK 触发器翻转，又由左移模式变为右移模式，以此类推，循环往复。

5.3.3 仿真电路

在 Multisim 电路窗口中创建如图 5-3-2 所示的仿真电路。

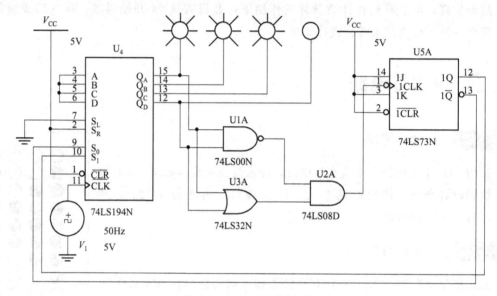

图 5-3-2　流水灯仿真电路

启动仿真，可看到在移位脉冲作用下，4 个指示灯按图 5-3-1 规律变化，循环往复，仿真结果符合设计要求。

5.4 智力竞赛抢答器

5.4.1 设计要求

设计一个可容纳四组参赛者的智力竞赛抢答器。要求电路要能够识别第一抢答信号并锁存，而对随后到来的其他抢答信号不再做出响应。

5.4.2 设计分析

电路由 4 锁存 D 型触发器 4042BD、双 4 输入与非门 4012BD、四 2 输入或非门 4001BD 实现抢答功能。$J_1 \sim J_4$ 是抢答开关，J_5 是复位开关。LED 指示灯显示抢答成功的信号。

4042BD 的 E_0（时钟脉冲极性控制 POL）端处于高电平，因此锁存器在时钟脉冲 CP 的高电平期间开通，当 CP 的下降沿来到时数据被锁存，这时锁存的是 CP 下降沿来到前瞬间的数据。E_1（CP）端由 $\overline{Q_0} \sim \overline{Q_3}$ 和 J_5 产生的信号决定。

电路开始工作时，由于 $J_1 \sim J_4$ 均为断开状态，因此 $D_0 \sim D_3$ 为低电平，$\overline{Q_0} \sim \overline{Q_3}$ 为高电平，4012BD 输出低电平，此时复位开关 J_5 断开，4001BD 的一个输入端经上拉电阻接高电平，因此 E_1 端为低电平，锁存前一次工作阶段的数据。新的工作阶段开始，J_5 闭合，4001BD 的一个输入端接地为低电平，另一输入端接 4012BD 输出的低电平，所以 E_1 端为高电平。以后，E_1 端的状态完全由 4012BD 的输出决定。一旦 $J_1 \sim J_4$ 中有一个闭合，则 $\overline{Q_0} \sim \overline{Q_3}$ 中必有一端最先处于高电平，相应的 LED 灯亮，同时 4012BD 的输出为高电平，迫使 E_1 为低电平，在 CP 脉冲下降沿的作用下，第一抢答信号被锁存，电路对以后的信号不再响应。

5.4.3　仿真电路

在 Multisim 电路窗口中创建如图 5-4-1 所示的仿真电路。

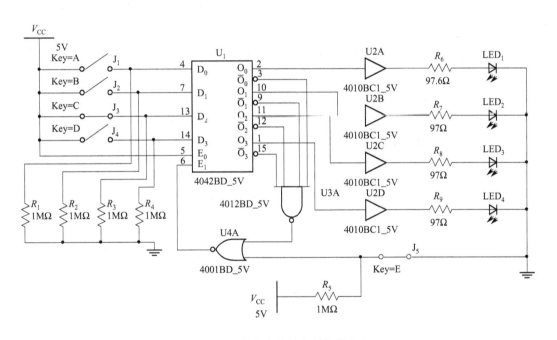

图 5-4-1　智力竞赛抢答器仿真电路

启动仿真，合上复位开关 J_5，然后随意闭合开关 $J_1 \sim J_4$，观察电路是否具有识别第一抢答信号并锁存的功能。

5.5　程序计数分频器

5.5.1　设计要求

设计一个模值为 2～8 的程序计数分频器。

5.5.2　设计分析

程序计数分频器的设计主要由一片 74LS138 和两片 74LS195 构成。74LS138 是 3-8 线译码器。74LS195 是 4 位双向通用移位寄存器，它有清零、置数、保持和移位的功能。

C、B、A 是译码器的信号输入端，通过译码器将所需的分频比 CBA 译成 8 位二进制数 $Y_7 Y_6 Y_5 Y_4 Y_3 Y_2 Y_1 Y_0$，其中只有一位 Y_i 为 0，与其他 7 位不同，它代表译码器输入的分频比。再通过两片 4 位移位寄存器对带有分频比的二进制信息 $Y_7 Y_6 Y_5 Y_4 Y_3 Y_2 Y_1 Y_0$ 进行移位，当 Y_i 被移到 Q_D 输出时，输出开始变化，产生下降沿，在下一个脉冲到来时输出又恢复到原来的高电平，并产生一个负脉冲，该脉冲使置位端复位（SH/$\overline{\text{LD}}$＝0），说明电路已经实现分频，两片 4 位移位寄存器重新置数开始循环。

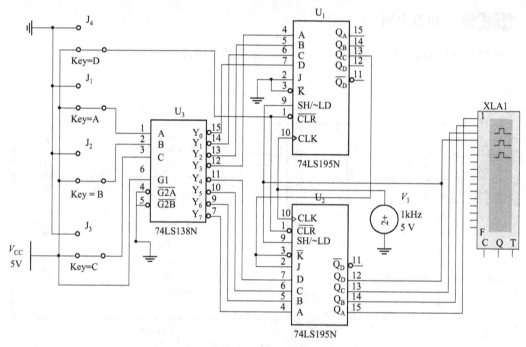

图 5-5-1　程序计数分频器仿真电路

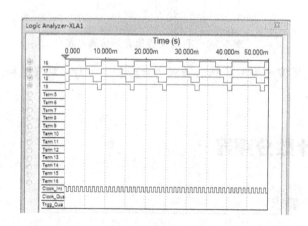

图 5-5-2　程序计数分频器输出波形

5.5.3　仿真电路

在 Multisim 电路窗口中创建如图 5-5-1 所示的仿真电路。

启动仿真，在 CBA 输入 111（八分频），打开逻辑分析仪，观察输出波形，如图 5-5-2 所示。

5.6　序列信号产生电路

5.6.1　设计要求

实现一个序列为 01101001010001 的序列信号产生电路。

5.6.2　设计分析

在数字系统中经常需要一些序列信号，即按一定的规律排列的 1 和 0 周期序列，产生序列信号的电路称为序列信号发生器。序列信号发生器可以利用计数器和组合逻辑电路来实现。

因此要实现 01101001010001 的序列信号，应选用一个十四进制的计数器，再加上数据选择器即可实现。在本例中，选取一个 4 位十六进制计数器 74LS163，当计数器输出为 1101 时，产生复位信号，这样就构成一个十四进制计数器，同时计数器的输出端和数据选择器的地址端相连，并且把预产生的序列按一定顺序加在数据选择器的数据输入端。

5.6.3　仿真电路

在 Multisim 电路窗口中创建如图 5-6-1 所示的仿真电路。

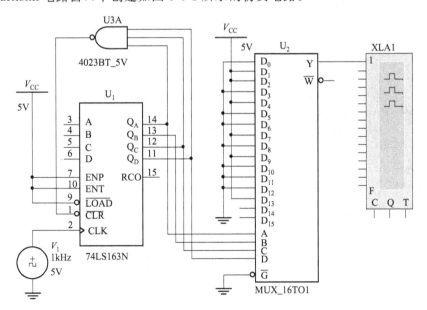

图 5-6-1　序列产生器的仿真电路

启动仿真，打开逻辑分析仪，输出波形如图 5-6-2 所示，从中可以观察出序列产生电路输出一个 01101001010001 的序列信号，仿真结果符合设计要求。

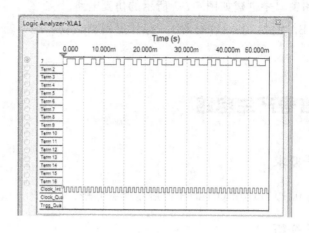

图 5-6-2　序列产生器的输出波形

5.7 模拟声响电路

5.7.1 设计要求

用 555 定时器构成间歇振荡电路，使蜂鸣器发出"嘀、嘀、嘀……"的间歇声响。

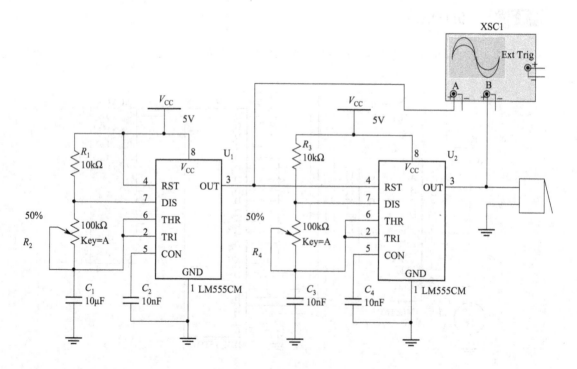

图 5-7-1　模拟声响仿真电路

5.7.2　设计分析

电路由两级多谐振荡器组成。555 定时器 U_1 与 R_1，R_2，C_1 构成第一级多谐振荡器，U_2 与 R_3、R_4、C_3 构成第二级多谐振荡器。第一级多谐振荡器的输出端接第二级多谐振荡器的复位端。当第一级振荡器输出高电平时，令第二级振荡器振荡；当第一级振荡器输出低电平时，令第二级振荡器复位，停止振荡。因此蜂鸣器发出"嘀、嘀、嘀……"的间歇声响。

5.7.3　仿真电路

在 Multisim 电路窗口中创建如图 5-7-1 所示的仿真电路。

启动仿真，观察示波器的输出波形。调节电位器 R_2，R_4，观察输出波形的变化。

5.8　随机灯发生器

5.8.1　设计要求

设计一个随机灯发生器，就是实现灯光的随机性闪烁。

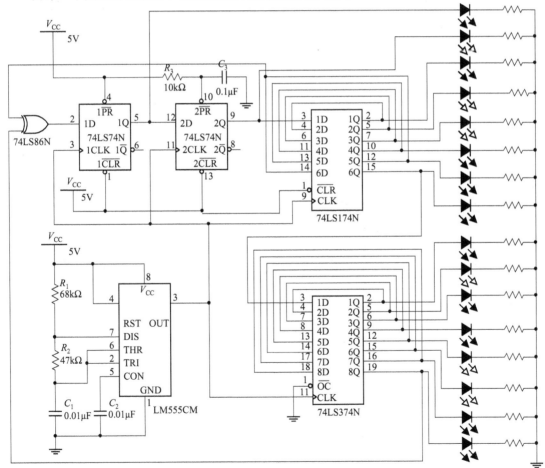

图 5-8-1　随机灯发生器仿真电路

5.8.2 设计分析

随机灯发生器主要由三部分电路组成：多谐振荡电路、控制电路及显示电路。这里用 LED 发光二极管作为显示电路；控制电路是由 74LS74，74LS174，74LS374 这三个 D 触发器组成的 16 位移位寄存器，用来控制 16 个 LED 发光二极管的闪烁情况；多谐振荡电路是由 555 定时器构成，用来提供时钟信号，作为移位寄存器的触发信号。

5.8.3 仿真电路

在 Multisim 电路窗口中创建如图 5-8-1 所示的仿真电路。

启动仿真，各个发光二极管不规则地随机闪烁。改变电阻 R_1，R_2 值，或改变电容 C_1 值，可以改变闪烁频率。

附录 A Multisim 11 的元器件库简介

  元器件是创建仿真电路的基础，Multisim 11 的元器件分别存放在不同类别的元器件库中，每类元器件库又分为不同的系列，这种分级存放的体系给用户调用元器件带来很大的方便。

  Multisim 11 提供的元器件库包括电源库、基本元器件库、二极管库、晶体管库、模拟器件库、TTL 器件库、CMOS 器件库、其他数字器件库、混合器件库、指示器件库、电源器件库、杂项器件库、高级外围设备器件库、射频器件库、机电器件库、NI 器件库、微控制器库等共 17 类元器件库。用户调用不同元器件库中的元器件，可创建模拟电路、数字电路、模数混合电路、继电逻辑控制电路、高频电路、PLC 控制电路和单片机应用电路。

  (1) 电源库

Group:

± Sources

Family:

All Select all families	
POWER_SOURCES	电源
SIGNAL_VOLTAGE_SOURCES	电压信号源
SIGNAL_CURRENT_SOURCES	电流信号源
CONTROLLED_VOLTAGE_SOURCES	受控电压源
CONTROLLED_CURRENT_SOURCES	受控电流源
CONTROL_FUNCTION_BLOCKS	函数控制模块
DIGITAL_SOURCES	数字信号源

  (2) 基本元器件库

Group:

～ Basic

Family:

All Select all families	
V BASIC_VIRTUAL	基本虚拟器件
RATED_VIRTUAL	设置额定值的虚拟器件
RPACK	排阻
SWITCH	开关
TRANSFORMER	变压器
NON_LINEAR_TRANSFORMER	非线性变压器
RELAY	继电器

	CONNECTORS	连接器
	SOCKETS	插座
	SCH_CAP_SYMS	可编辑的元器件符号
	RESISTOR	电阻
	CAPACITOR	电容
	INDUCTOR	电感
	CAP_ELECTROLIT	电解电容
	VARIABLE_CAPACITOR	可变电容
	VARIABLE_INDUCTOR	可变电感
	POTENTIOMETER	电位器

（3）二极管库

Group:
Diodes

Family:

	Select all families	
V	DIODES_VIRTUAL	虚拟二极管
	DIODE	二极管
	ZENER	齐纳二极管
	LED	发光二极管
	FWB	全波桥式整流器
	SCHOTTKY_DIODE	肖特基二极管
	SCR	可控硅
	DIAC	双向触发二极管
	TRIAC	三端双向可控硅
	VARACTOR	变容二极管
	PIN_DIODE	PIN二极管

（4）晶体管库

Group:
Transistors

Family:

	Select all families	
V	TRANSISTORS_VIRTUAL	虚拟晶体管
	BJT_NPN	双极结型NPN晶体管
	BJT_PNP	双极结型PNP晶体管
	BJT_ARRAY	双极结型晶体管阵列
	DARLINGTON_NPN	达林顿NPN晶体管
	DARLINGTON_PNP	达林顿PNP晶体管
	DARLINGTON_ARRAY	达林顿晶体管阵列

BJT_NRES	内电阻偏置NPN晶体管
BJT_PRES	内电阻偏置PNP晶体管
IGBT	绝缘栅双极型晶体管
MOS_3TDN	N沟道耗尽型MOS管
MOS_3TEN	N沟道增强型MOS管
MOS_3TEP	P沟道增强型MOS管
JFET_N	N沟道结型场效应管
JFET_P	P沟道结型场效应管
POWER_MOS_N	N沟道MOS功率管
POWER_MOS_P	P沟道MOS功率管
POWER_MOS_COMP	COMP MOS功率管
UJT	单结晶体管
THERMAL_MODELS	热效应管

（5）模拟器件库

Group:

I⊱ Analog

Family:

All	Select all families
V	ANALOG_VIRTUAL	虚拟模拟器件
OPAMP	运算放大器
OPAMP_NORTON	诺顿运算放大器
COMPARATOR	比较器
WIDEBAND_AMPS	宽带放大器
SPECIAL_FUNCTION	特殊功能运算放大器

（6）TTL 器件库

Group:

TTL

Family:

All	Select all families
74STD	74STD系列
74STD_IC	74STD_IC系列
74S	74S系列
74S_IC	74S_IC系列
74LS	74LS系列
74LS_IC	74LS_IC系列
74F	74F系列
74ALS	74ALS系列
74AS	74AS系列

（7）CMOS 器件库

Group:

CMOS

Family:

All Select all families

CMOS_5V　　5V的4XXX系列

CMOS_5V_IC　　5V的4XXX系列

CMOS_10V　　10V的4XXX系列

CMOS_10V_IC　　10V的4XXX系列

CMOS_15V　　15V的4XXX系列

74HC_2V　　2V的74HC系列

74HC_4V　　4V的74HC系列

74HC_4V_IC　　4V的74HC系列

74HC_6V　　6V的74HC系列

TinyLogic_2V　　2V的TinyLogic系列

TinyLogic_3V　　3V的TinyLogic系列

TinyLogic_4V　　4V的TinyLogic系列

TinyLogic_5V　　5V的TinyLogic系列

TinyLogic_6V　　6V的TinyLogic系列

（8）其他数字器件库

Group:

Misc Digital

Family:

All Select all families

TIL　　TIL系列器件

DSP　　DSP芯片

FPGA　　FPGA模块

PLD　　PLD模块

CPLD　　CPLD模块

MICROCONTROLLERS　微控制器

MICROPROCESSORS　微处理器

MEMORY　　存储器

LINE_DRIVER　　线性驱动器

LINE_RECEIVER　　线性接收器

LINE_TRANSCEIVER　线性收发器

（9）混合器件库

Group:

Mixed

Family:

All Select all families

符号	名称	中文
V	MIXED_VIRTUAL	虚拟混合器件
	ANALOG_SWITCH	模拟开关
	ANALOG_SWITCH_IC	模拟开关集成芯片
555	TIMER	定时器
ADC DAC	ADC_DAC	模数-数模转换器
	MULTIVIBRATORS	多谐振荡器

（10）指示器件库

Group:
▣ Indicators

Family:
All Select all families
- VOLTMETER　电压表
- AMMETER　电流表
- PROBE　探测器
- BUZZER　蜂鸣器
- LAMP　灯泡
- VIRTUAL_LAMP　虚拟灯泡
- HEX_DISPLAY　数码管
- BARGRAPH　条形光柱

（11）电源器件库

Group:
CONT Power

Family:
All Select all families
- BASSO_SMPS_AUXILIARY　辅助开关电源
- BASSO_SMPS_CORE　开关电源芯片
- FUSE　熔丝
- VOLTAGE_REFERENCE　电压参考器
- VOLTAGE_REGULATOR　电压调节器
- VOLTAGE_SUPPRESSOR　电压抑制器
- POWER_SUPPLY_CONTROLLER　供电控制器
- MISCPOWER　多功能电源
- PWM_CONTROLLER　脉宽调制控制器

（12）杂项器件库

Group:
MISC Misc

Family:
All Select all families

MISC_VIRTUAL	虚拟杂项器件	
OPTOCOUPLER	光电耦合器件	
CRYSTAL	石英晶体振荡器	
VACUUM_TUBE	真空电子管	
BUCK_CONVERTER	开关电源降压转换器	
BOOST_CONVERTER	开关电源升压转换器	
BUCK_BOOST_CONVERTER	开关电源升降压转换器	
LOSSY_TRANSMISSION_LINE	有损耗传输线	
LOSSLESS_LINE_TYPE1	无损耗传输线类型1	
LOSSLESS_LINE_TYPE2	无损耗传输线类型2	
FILTERS	滤波器	
MOSFET_DRIVER	MOSFET驱动器	
MISC	其他杂项器件	
NET	网络器件	

（13）高级外围设备器件库

KEYPADS　键盘
LCDS　液晶显示器
TERMINALS　终端设备
MISC_PERIPHERALS　外围设备

（14）射频器件库

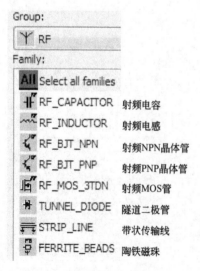

RF_CAPACITOR　射频电容
RF_INDUCTOR　射频电感
RF_BJT_NPN　射频NPN晶体管
RF_BJT_PNP　射频PNP晶体管
RF_MOS_3TDN　射频MOS管
TUNNEL_DIODE　隧道二极管
STRIP_LINE　带状传输线
FERRITE_BEADS　陶铁磁珠

（15）机电器件库

Group:

⬦◻⬦ Electro_Mechanical

Family:

All Select all families

⌐ SENSING_SWITCHES   检测开关

⌐ MOMENTARY_SWITCHES   瞬时开关

⌐ SUPPLEMENTARY_CONTACTS   附加触点开关

⌐ TIMED_CONTACTS   定时触点开关

◻ COILS_RELAYS   线圈与继电器

▦ LINE_TRANSFORMER   线性变压器

⌐ PROTECTION_DEVICES   保护装置

◻ OUTPUT_DEVICES   输出装置

（16）NI 器件库

Group:

Y NI_Components

Family:

All Select all families

Y GENERIC_CONNECTORS   NI定制通用连接器

Y M_SERIES_DAQ   NI定制DAQ板M系列串口

Y sbRIO   NI定制可配置输入输出的单板连接器

Y cRIO   NI定制可配置输入输出的紧凑型板连接器

（17）微控制器库

Group:

▤ MCU

Family:

All Select all families

▦ 805x   805x系列单片机

▦ PIC   PIC系列单片机

▦ RAM   随机存储器

▦ ROM   只读存储器

附录 B Multisim 11 的虚拟仪器简介

虚拟仪器是电路仿真和设计必不可少的测量工具，灵活运用各种分析仪器，将给电路的仿真和设计带来方便。

Multisim11 提供了 20 多种虚拟仪器，有万用表、函数信号发生器、功率表、双踪示波器、四通道示波器、波特图仪、数字频率计、字信号发生器、逻辑分析仪、逻辑转换仪、伏安特性测试仪、失真分析仪、频谱分析仪、网络分析仪、Agilent 函数信号发生器、Agilent 数字万用表、Agilent 数字示波器、Tektronix 数字示波器、测量探针和电流探针等。

这些仪器的设置、使用和数据的读取方式大都与现实中的仪器一样。下面将分别介绍常用的虚拟仪器的功能和使用方法。

（1）万用表

万用表（Multimeter）可用来测量电路的交直流电压、交直流电流、电阻和电路中两个结点之间的增益。测量时，万用表自动调整测量范围，不需用户设置量程。其参数默认设置为理想参数（如电流表内阻接近为零），用户可在操作界面上修改参数。万用表的图标和操作界面如图 B-1 所示。

万用表有"＋""－"两个接线端子，连接方式与实际的万用表完全一样。

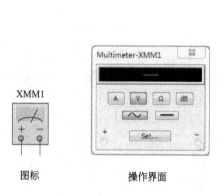

图 B-1　万用表

万用表的操作界面包括显示区、功能按钮和 Set 按钮组成。

① 显示区：显示测量结果。

② 功能按钮：按钮 A，测电流；按钮 V，测电压；按钮 Q，测电阻；按钮 dB，测两结点之间的电压增益，dB＝20log（V_{out}/V_{in}）；按钮"～"，测交流（有效值）；按钮"—"，测直流。

③ Set 按钮，设置万用表参数。单击 Set 按钮，弹出参数设置对话框。

　　万用表参数设置对话框包括 Electronic Setting 复选框和 Display Setting 编辑区域两部分。

　　a. Electronic Setting 编辑区域：电气参数设置，可设置电流表内阻、电压表内阻、欧姆表电流和测量电压增益时的相对电压值（保证对数为正值）。

　　b. Display Setting 编辑区域：显示参数设置，可设置电流表测量范围、电压表测量范围和欧姆表测量范围。

　　（2）函数信号发生器

　　函数发生器（Function Generator）可产生正弦波、三角波和方波电压信号，信号的频率、幅值、占空比和直流偏置均可设置。能很方便地为仿真电路提供输入信号，其信号频率范围很宽，可满足音频至射频所有信号要求。函数发生器的图标和操作界面如图 B-2 所示。

　　函数信号发生器有 3 个接线端子，"＋"输出端产生一个正向的输出信号，"－"输出端产生一个反向的输出信号，中间的公共端（Common）通常接地。

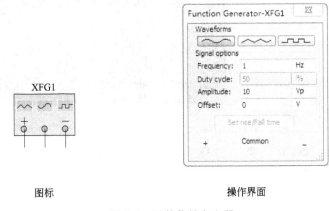

图标　　　　　　　　　　　　　操作界面

图 B-2　函数信号发生器

　　函数信号发生器的操作界面包括 Waveforms 选择区域、Signal Options 编辑区域和接线端子组成。

　　① Waveforms 选择区域：选择正弦波、三角波或方波信号。

　　② Signal Options 编辑区域：设置信号的频率（范围：1Hz～999MHz）、方波信号的占空比（范围：1%～99%）、幅值（范围：1mV～999kV）和直流偏置（范围：－999～999kV）。对方波信号，通过 Set rise/Fall time 按钮可设置上升和下降时间。

　　（3）功率表

　　功率表（Wattmeter）用来测量功率。可测量电路中某支路的有功功率和功率因数，其量程自动调整。功率表的图标和操作界面如图 B-3 所示。

　　功率表有两组接线端子，左侧的两个输入端为电压输入端，应与被测电路并联，右侧的两个接线端子为电流输入端，应与被测电路串联。

　　功率表的操作界面显示测量的有功功率和功率因数。

　　（4）双踪示波器

　　示波器（Oscilloscope）用来测量信号的电压幅值和频率，并显示电压波形曲线。双踪示波器可同时测量两路信号，通过调整示波器的操作界面，可将两路信号波形进行比较。双踪示波器的图标和操作界面如图 B-4 所示。

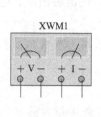
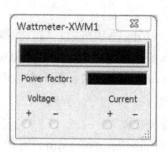

图标 操作界面

图 B-3 功率表

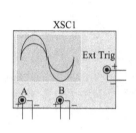
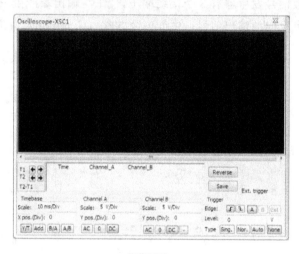

图标 操作界面

图 B-4 双踪示波器

双踪示波器有 3 组接线端子，每组端子构成一种差模输入方式。A，B 两组端点分别为两个通道，Ext Trig 是外触发输入端。当电路图中有接地符号时，双踪示波器各组端子中的"一"端可以不接，此时默认为接地。

双踪示波器的操作界面包括图形显示区、游标测量数据显示区、Timebase 编辑区域、Channel A 编辑区域、Channel B 编辑区域、Trigger 编辑区域和功能按钮组成。

① 图形显示区：显示被测信号波形，曲线的颜色由示波器和电路的连线颜色确定。

② 游标测量数据显示区：通过移动游标，可在数据显示区显示测量的 A 通道、B 通道数据瞬时值。

③ Timebase 编辑区域：设置扫描时基信号的有关情况。

Scale 文本框：设置扫描时间（X 轴显示比例）。

X position 文本框：设置扫描起点（X 轴信号偏移量）。

Y/T 按钮：显示方式按钮，显示随时间变化的信号波形。

Add 按钮：显示方式按钮，显示的是通道 A 和通道 B 输入的波形信号的叠加。

B/A 按钮：显示方式按钮，通道 A 的输入信号作为 X 轴扫描信号，通道 B 的输入信号作为 Y 轴扫描信号。

A/B 按钮：显示方式按钮，与 B/A 相反。

④ Channel A 编辑区域：设置通道 A 信号的有关情况。

Scale 文本框：设置通道 A 信号的显示比例。

Y position 文本框：设置 Y 轴信号偏移量。

AC 按钮：耦合方式按钮，电容耦合，测量交流信号。

DC 按钮：耦合方式按钮，直接耦合，测量交直流信号。

0 按钮：波形显示为零。

⑤ Channel B 编辑区域：该编辑区域功能同 Channel A 编辑区域。

⑥ Trigger 编辑区域：设置触发方式。

Edge：触发信号的边沿，可选择上升沿或下降沿。

A 或 B 按钮：表示用 A 通道或 B 通道的输入信号作为同步 X 轴时域扫描的触发信号。

Ext 按钮：用示波器图标上触发端 T 连接的信号作为触发信号来同步 X 轴的时域扫描。

Level：用于选择触发电平的电压大小（阈值电压）。

Sing.：单次扫描方式按钮，按下该按钮后示波器处于单次扫描等待状态，触发信号来到后开始一次扫描。

Nor.：常态扫描方式按钮，这种扫描方式是没有触发信号就没有扫描线。

Auto：自动扫描方式按钮，这种扫描方式不管有无触发信号均有扫描线，一般情况下使用 Auto 方式。

⑦ 功能按钮。

Reverse 按钮：单击该按钮，可使图形显示窗口反色。

Save 按钮：存储示波器数据，文件格式为＊.SCP。

（5）四通道示波器

四通道示波器（Four-channel Oscilloscope）可以同时对四路输入信号进行观测。其图标和操作界面如图 B-5 所示。

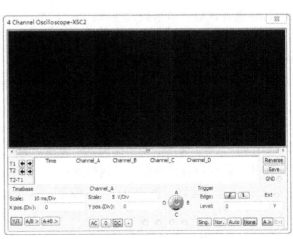

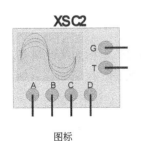

图标   操作界面

图 B-5 四通道示波器

其使用方法和内部参数设置方式与双踪示波器基本一致，不同的是参数控制面板多了一个通道控制旋钮。当旋钮旋转到 A，B，C，D 中的某一通道时，即可实现对该通道的参数设置。如果想单独显示某通道的波形，则可以依次选中其它通道，单击 Channel 区中的 0 按钮（接地按钮）来屏蔽其信号。

（6）波特图仪

波特图仪（Bode Plotter）用来测量电路的频率响应特性，可以显示被测电路的幅频、相频特性曲线。波特图仪接入电路相当于执行了频谱分析，常用来对滤波电路特性进行分析。波特图仪的图标和操作界面如图 B-6 所示。

波特图仪有两组端口，左侧 IN 是输入端口，其"＋"、"－"端分别接被测电路输入端的正、负端子，左侧 OUT 是输出端口，其"＋"、"－"端分别接被测电路输出端的正、负端子。使用波特图仪对电路特性进行测量时，被测电路中必须有一个交流信号源。

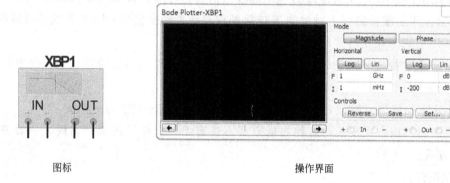

图标　　　　　　　　　　　　　　操作界面

图 B-6　波特图仪

波特图仪的操作界面由图形显示区、Mode 选择区域、Horizontal 选择区域、Vertical 选择区域和 Controls 选择区域组成。

① 图形显示区：显示被测电路的幅频特性曲线或相频特性曲线，图形显示窗下面的状态栏显示信号的频率和电压增益。

② Mode 选择区域：显示模式选择，包括 Magnitude 按钮和 Phase 按钮。

Magnitude 按钮：显示被测电路的幅频特性曲线。

Phase 按钮：被测电路的相频特性曲线。

③ Horizontal 选择区域：水平坐标设置，设置频率的刻度和范围。

Log 按钮：设置频率刻度为对数量程；Lin 按钮：设置频率刻度为线性量程。

F（Final）：设置终了频率；I（Initial）：设置起始频率。

④ Vertical 选择区域：垂直坐标设置，设置增益的刻度和范围。

Log 按钮：设置增益的坐标为对数刻度；Lin 按钮：设置增益的坐标为线性刻度。

⑤ Controls 选择区域：包括 Reverse 按钮、Save 按钮、Set 按钮。

Save 按钮：存储波特图仪的数据，文件格式为 *.tdm。

Set 按钮：设置显示的分辨率。

（7）数字频率计

数字频率计（Frequency Counter）用来测量信号的频率，通过操作界面的选择，还可显示信号的周期、脉宽以及上升沿/下降沿时间。数字频率计的图标和操作界面如图 B-7 所示。

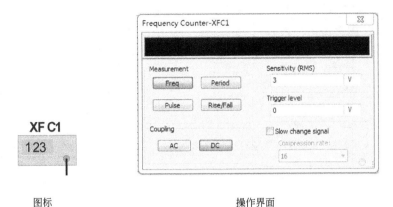

图标　　　　　　　　　　　　　操作界面

图 B-7　数字频率计

数字频率计只有一个接线端子连接被测电路结点。

数字频率计操作界面包括测量结果显示区、Measurement 选择区域、Coupling 选择区域、Sensitivity 编辑区域和 Trigger level 编辑区域。

① Measurement 选择区域：包括 Freq 按钮、Period 按钮、Pulse 按钮和 Rise/Fall 按钮。

Freq 按钮：单击该按钮，则输出结果为信号频率。

Period 按钮：单击该按钮，则输出结果为信号周期。

Pulse 按钮：单击该按钮，则输出结果为高、低电平脉宽。

Rise/Fall 按钮：单击该按钮，则输出结果显示数字信号的上升沿或下降沿时间。

② Coupling 选择区域：选择信号的耦合方式。

③ Sensitivity 编辑区域：通过微调按钮设置测量灵敏度（编辑框的数字为有效值），如频率计的灵敏度设为 3V，则被测信号（如正弦量）的幅值应不低于 $3\sqrt{2}$，否则，不能显示测量结果。

④ Trigger level 编辑区域：通过微调按钮设置数字信号的触发电平大小。

（8）字信号发生器

字信号发生器（Word Generator）用来产生数字信号，通过设置可产生连续的数字信号（最多为 32 位）。在数字电路仿真时，字信号发生器可作为数字信号源。字信号发生器的图标和操作界面如图 B-8 所示。

字信号发生器左侧有 0～15 共 16 个接线端子，右侧有 16～31 共 16 个接线端子，它们是字信号发生器所产生的 32 位数字信号输出端。底部有两个接线端子，其中 R 端子为输出信号准备好的标志信号，T 端子为外触发信号输入端。

字信号发生器的操作界面包括字信号编辑区、Controls 选择区域、Display 选择区域、Trigger 选择区域和 Frequency 编辑区域。

① 字信号编辑区：按顺序显示待输出的数字信号，数字信号可直接编辑修改。

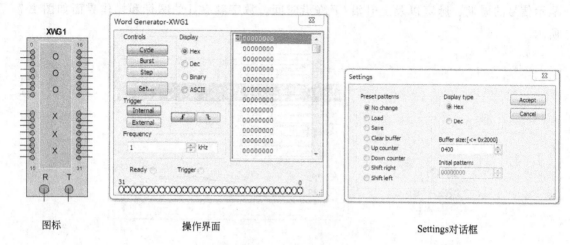

图标 操作界面 Settings对话框

图 B-8　字信号发生器

② Controls 选择区域：数字信号输出控制，包括 Cycle 按钮、Burst 按钮、Step 按钮和 Set 按钮。

Cycle 按钮：单击该按钮，从起始地址开始循环输出一定数量的数字信号（数字信号的数量通过 Settings 对话框设定）。

Burst 按钮：单击该按钮，输出从起始地址至终了地址的全部数字信号。

Step 按钮：单击该按钮，单步输出数字信号。

Set 按钮：用来设置数字信号的类型和数量。单击 Set 按钮，弹出 Settings 对话框，如图 B-8 所示。

Settings 对话框包括 Pre-set patterns 选择区域、Display type 选择区域、Buffer size 编辑框和 Initial pattern 编辑框。

Pre-set patterns 选择区域包括 No change（不改变字信号编辑区中的数字信号），Load（载入数字信号文件 *.dp），Save（存储数字信号），Clear buffer（将字信号编辑区中的数字信号全部清零），Up counter（数字信号从初始地址至终了地址输出），Down counter（数字信号从终了地址至初始地址输出），Shift right（数字信号的初始值默认为 80000000，按数字信号右移的方式输出），Shift left（数字信号的初始值默认为 00000001，按数字信号左移的方式输出）。

Display type 选择区域用来设置数字信号以十六进制或十进制显示。

Buffer size 编辑框用来设置数字信号的数量。

Initial pattern 编辑框用来设置数字信号的初始值（只在 Pre-set patterns 选择区域中选中为 Shift right 或 Shift left 选项时起作用）。

③ Display 选择区域：数字信号的类型选择，可选择十六进制、十进制、二进制以及 ASCII 代码方式。

④ Trigger 选择区域：可选择 Internal（内触发）或 External（外触发）方式，触发方式可选择上升沿触发或下降沿触发。

⑤ Frequency 编辑区域：选择输出数字信号的频率。

（9）逻辑分析仪

逻辑分析仪（Logic Analyzer）可以同步记录和显示 16 位数字信号，可用于对数字信号的高速采集和时序分析，逻辑分析仪的图标和操作界面如图 B-9 所示。

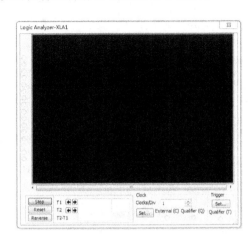

图标　　　　　　　　　　　　　　　操作界面

图 B-9　逻辑分析仪

逻辑分析仪左侧从上到下有 16 个接线端子，用于接入被测信号。底部有 3 个接线端子，C 是外部时钟输入端，Q 是时钟控制输入端，T 是触发控制输入端。

逻辑分析仪的操作面板分为图形显示区、显示控制区、游标测量数据显示区、Clock 控制区、Trigger 控制区。

① 图形显示区：面板最左侧 16 个小圆圈代表 16 个输入端，如果某个连接端接有被测信号，则该小圆圈内出现一个黑圆点。被采集的 16 路输入信号依次显示在屏幕上。当改变输入信号连接导线的颜色时，显示波形的颜色立即相应改变。

② 显示控制区：用于控制波形的显示与清除。有 3 个按钮，其功能如下。

Stop 按钮：停止逻辑分析仪的波形继续显示。

Reset 按钮：逻辑分析仪复位并清除显示波形。

Reverse 按钮：改变屏幕背景的颜色。

③ 游标测量数据显示区：移动游标上部的三角形可以读取波形的逻辑数据。T1 和 T2 分别表示游标 1 和游标 2 离开扫描线零点的时间，T2－T1 表示两者之间的时间差。

④ Clock 时钟控制区：包括 Clock/Div 编辑框及 Set 按钮。

Clock/Div：设置在显示屏上每个水平刻度显示的时钟脉冲数。

Set 按钮：设置时钟脉冲，单击该按钮，弹出 Clock Setup 对话框，如图 B-10 所示。

Clock source 选择区域的功能是选择时钟脉冲，External 表示外部时钟，Internal 表示内部时钟；Clock rate 编辑区域的功能是设置时钟频率；Sampling setting 选择区域的功能是设置取样方式，Pre-trigger samples 编辑框用来设定前沿触发取样数，Post-trigger samples 编辑框用来设定后沿触发取样数，Threshold Volt（V）编辑框用来设定阈值电压。

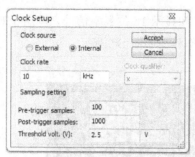

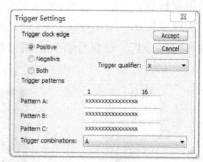

Clock setup对话框   Trigger settings对话框

图 B-10　逻辑分析仪的对话框

⑤ Trigger 控制区　设置触发方式，单击 Set 按钮，弹出 Trigger settings 对话框，如图 B-10 所示。

Trigger clock edge 选择区域的功能是设定触发方式，包括 Positive（上升沿触发）、Negative（下降沿触发）和 Both（升、降沿触发）3 个选项；Trigger qualifier 下拉列表框的功能是选择触发限定字，包括 0，1 及 X（0，1 皆可）3 个选项；Trigger patterns 复选框的功能是设置触发的样本，可以在 Pattern A，Pattern B 和 Pattern C 文本框中设定触发样本，也可以在 Trigger Combinations 下拉列表框中选择组合的触发样本。

（10）逻辑转换仪

逻辑转换仪（Logic Converter）可实现数字电路各种表示方法的相互转换、逻辑函数的化简，逻辑转换仪在数字电路的分析中非常重要，但实际的数字仪器中无逻辑转换仪设备。

逻辑转换仪的图标和操作界面如图 B-11 所示。逻辑转换仪有 9 个接线端子，左侧 8 个端子用来连接电路输入端的结点，最右边的一个端子为输出端子。通常只有在将逻辑电路转化为真值表时，才将逻辑转换仪与逻辑电路连接起来。

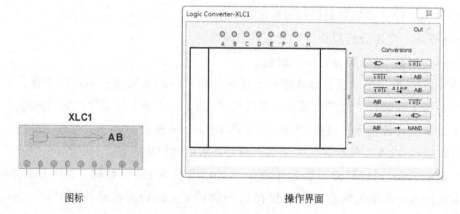

图标   操作界面

图 B-11　逻辑转换仪

逻辑转换仪的操作界面包括变量选择区（A，B，C，D，E，F，G 和 H）、真值表区、逻辑表达式显示区和 Conversions 转换类型选择区。

① 变量选择区：单击变量对应的圆圈，选择输入变量（最多可选择 8 个输入变量），该

变量就自动添加到面板的真值表中。

② 真值表区：真值表区分为 3 部分，左边显示了输入组合变量取值所对应的十进制数，中间显示了输入变量的各种组合，右边显示了逻辑函数的值。

③ 函数表达式显示区：显示真值表对应的函数表达式。

④ Conversions 区：实现数字电路各种表示方法的相互转换，其转换按钮的功能如下所示。

逻辑电路图转换为真值表

真值表转换为逻辑表达式

真值表转换为最简逻辑表达式

逻辑表达式转换为真值表

逻辑表达式转换为逻辑电路

逻辑表达式转换为与非门逻辑电路

（11）伏安特性测试仪

伏安特性测试仪（IV Analyzer）用来测试二极管、晶体管和 MOS 管的伏安特性曲线。伏安特性测试仪的图标和操作界面如图 B-12 所示。

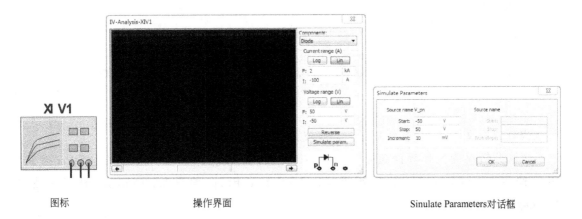

图标　　　　　　　　　操作界面　　　　　　　　Sinulate Parameters对话框

图 B-12　伏安特性测试仪

伏安特性测试仪有 3 个接线端子，从左至右分别接三极管的 3 个极或二极管的 P，N。

伏安特性测试仪的操作界面包括图形显示区、Components 下拉列表框、Current range 编辑区域、Voltage range 编辑区域、Reverse 按钮、Sim_Param 按钮和接线端子指示窗（操作界面的右下角）。

① 图形显示区：显示元器件（二极管或三极管）的伏安特性曲线。

② Components 下拉列表框：选择元器件类型，包括 Diode，BJT NPN，BJT PNP，NMOS 和 PMOS。

③ Current range 编辑区域：设置电流范围。

④ Voltage range 编辑区域：设置电压范围。

⑤ Reverse 按钮：图形显示反色。

⑥ Sim _ Param 按钮：伏安特性测试参数设置。单击该按钮，弹出 Simulate Parameters 对话框，如图 B-12 所示。

根据 Components 列表框中所选择的元器件类型，设置起始值（Start）、终止值（Stop）及增量步长值（Increment）。若选择 Diode，则设置 V _ pn；若选择 BJT NPN 或 BJT PNP，则设置 V _ ce 和 I _ b；若选择 NMOS 或 PMOS，则设置 V _ ds 和 V _ gs。

⑦ 接线端子指示窗：如图 B-12 所示，当在 Components 下拉列表框中选择了元器件以后，则在该指示窗显示对应元器件的管脚，用来指示元器件和伏安特性测试仪的图标连接。

（12）失真分析仪

失真分析仪（Distortion Analyzer）是一种测试电路总谐波失真与信噪比的仪器，经常用于测量存在较小失真的低频信号。失真分析仪的图标和操作界面如图 B-13 所示。

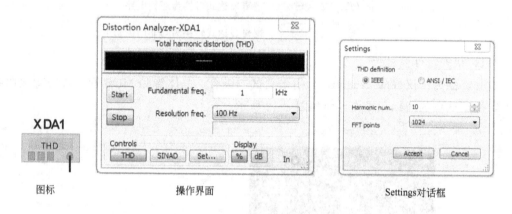

图标　　　　　　　　操作界面　　　　　　　　Settings对话框

图 B-13　失真分析仪

失真分析仪只有一个接线端子，连接被测电路的输出端。

失真分析仪的操作界面包括 Signal Noise Distortion（SINAD）显示框、Start 按钮、Stop 按钮、Fundamental Freq. 编辑框、Resolution Freq. 编辑框、Controls 选择区域和 Display 选择区域。

① Signal Noise Distortion（SINAD）显示框：显示测量电路的信噪比。

② Start 按钮：启动分析。

③ Stop 按钮：停止分析。

④ Fundamental freq. 编辑框：设置失真分析的基频。

⑤ Resolution freq. 编辑框：设置失真分析的频率分辨率。

⑥ Controls 选择区域：包括 THD 按钮、SINAD 按钮和 Set 按钮。

THD 按钮：单击该按钮，表示分析电路的总谐波失真。

SINAD 按钮：单击该按钮，表示分析电路的信噪比。

Set 按钮：单击该按钮，弹出 Settings 对话框，如图 B-13 所示。

Settings 对话框包括 THD Definition 选择区域（用来设置 THD 定义标准，可选择 IEEE 和 ANSI/IEC 标准）、Harmonic num.（设置谐波次数）和 FFT points（设置谐波分

析的取样点数)。

⑦ Display 选择区域：设置显示方式，包括％按钮和 dB 按钮。

％按钮：按百分比方式显示分析结果，常用于总谐波失真分析。

dB 按钮：按分贝显示分析结果，常用于信噪比分析。

(13) 频谱分析仪

频谱分析仪 (Spectrum Analyzer) 用于测量信号的不同频率分量对应的幅值，也能测量信号的功率和频率构成，并确定信号是否有谐波存在。实际应用的频谱分析仪由于内部产生的噪声被仪器各级电路放大，使测量结果的可信度大大降低。而 Multisim 环境中的虚拟频谱分析仪没有仪器本身产生的附加噪声。频谱分析仪的图标和操作界面如图 B-14 所示。

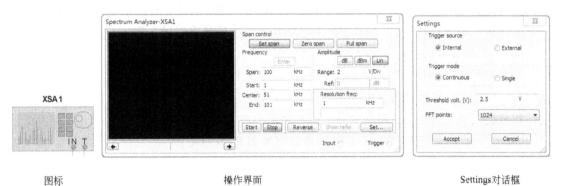

图 B-14　频谱分析仪

频谱分析仪有两个接线端子，端子 IN 用于连接被测电路的输出端，端子 T 用于连接外触发信号。

频谱分析仪的操作界面包括图形显示区 (左上)、状态栏 (左下)、Span control 选择区域，Frequency 选择区域、Amplitude 选择区域、Resolution freq. 编辑区域以及功能按钮。

① 图形显示区：显示信号的频谱图形。

② 状态栏：显示光标指针处对应的频率和幅值。

③ Span control 选择区域：设置测量信号频谱的范围。

Set span 按钮：手动设置频率范围。

Zero span 按钮：设置以中心值定义的频率。

Full span 按钮：设置全频段为频率范围，单击该按钮后，仪器自动设置频率范围为0～4GHz。

④ Frequency 选择区域　设置频率范围。设置起始频率 (Start)、终了频率 (End)。中心频率 (Center) 和频率的变化范围 (Span)。

⑤ Amplitude 选择区域　设置幅值的显示方式、量程和参考电平。

显示方式：有 dB (电压分贝数)，用 20lg (V) 表示；dBm (功率电平)，用 10lg (V/0.775) 表示；Lin (线性刻度)。

Range 编辑框：量程设置。当选择显示方式为 dB 或 dBm 时，量程单位为 dB/Div；当选择显示方式为 Lin 时，量程单位为 V/Div。

Ref 编辑框：参考电平设置。用于设置能够显示在屏幕上的输入信号范围，只有在选中 dB 或 dBm 时才有效。

⑥ Resolution freq. 编辑区域　设置频率分辨率，所谓频率分辨率就是能够分辨频谱的最小谱线间隔，它表示了频谱分析仪区分信号的能力。

⑦ 控制按钮　控制频谱分析仪的运行。

Start 按钮：开始分析。

Stop 按钮：停止分析。

Reverse 按钮：图形显示窗反色。

Show-ref 按钮：显示参考值。

Set 按钮：单击该按钮，弹出 Settings 对话框，如图 B-14 所示。

Settings 对话框用来设置触发源（可选择内触发或外触发）、触发模式（可选择连续触发或单次触发）；阈值电压和 FFT Points（快速傅里叶变换的取样点数）。

（14）网络分析仪

网络分析仪（Network Analyzer）是 RF 仿真分析仪器中的一种，用来分析双端口网络的参数特性。通过网络分析仪对电路及其元器件的特性进行分析，用户可以了解电路的布局，以及使用的元器件是否符合规范。通常用于测量双端口高频电路的 S 参数，也可以测量 H、Y、Z 参数。网络分析仪的图标和操作面板如图 B-15 所示。

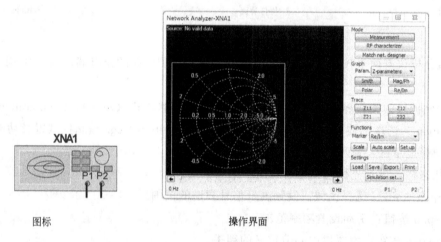

图标　　　　　　　　　　　　　　　　操作界面

图 B-15　网络分析仪

网络分析仪有两个接线端子，P1 端子用来连接被测电路的输入端口，P2 端子用来连接被测电路的输出端口。

网络分析仪的操作界面包括图形显示区、Mode 选择区域、Graph 选择区域、Trace 选择区域、Functions 选择区域和 Settings 选择区域。

① 图形显示区：用来显示图表、测量曲线以及标注电路信息的文字。

② Mode 选择区域：模式选择，可选择 Measurement，RF Characterizer，Match net. designer。

Measurement（检测模式）：当选择该选项时，可用来检测双口网络的 S 参数、H 参数、

Y 参数、Z 参数和 Stability factor（稳定因子）（在 Graph 选择区域的 Param. 下拉列表框中选择）。

RF Characterizer（射频特性分析模式）：当选择该选项时，可分析双口网络的 Impendence（输入输出阻抗），Power gains（功率增益）和 Gains（电压增益）（在 Graph 选择区域的 Param. 下拉列表框中选择）。

Match net. designer（匹配网络分析模式）：当选择该选项时，可分析双口网络的稳定性（Stability circles）、双口网络的单向性（Unilateral gains circles）和阻抗匹配（Impedance matching）分析（在 Graph 选择区域的 Param. 下拉列表框中选择）。

③ Graph 选择区域：用来设置图形的显示方式，可选择 Smith（Smith 圆），Mag/Ph（幅值/相位），Polar（极坐标）和 Re/Ira（实部/虚部）4 种方式。

④ Trace 选择区域：轨迹控制，显示或隐藏单个轨迹。

⑤ Functions 选择区域：功能选择，包括 Marker 下拉列表框、Scale 按钮、Auto scale 按钮和 Set up 按钮。

Marker（标注）下拉列表框：数据表示方式选择，可选择 Re/Ira（实部/虚部），Mag/Ph（幅值/相位），dB Mag/Ph（分贝幅值/相位）3 种。

Scale（比例）按钮：改变当前图表的比例。

Auto scale 按钮：自动调整数据比例使其能够在当前图表中选择。

Set up 按钮：单击该按钮，弹出 Preferences（参数）设置对话框，如图 B-16 所示。

Preferences对话框

Measurement Setup对话框

图 B-16　网络分析仪对话框

该对话框包括 Trace（轨迹）选项卡、Grids（栅格）选项卡和 Miscellaneous（混合）选项卡。通过 Trace 选项卡，可设置轨迹曲线的线型、颜色和粗细；通过 Grids 选项卡，可设置栅格的颜色、线型、文字标注和坐标轴标注的颜色；通过 Miscellaneous 选项卡可设置图标区框架的宽度和颜色、背景和绘图区颜色以及标题和数据标注的颜色。

⑥ Settings 选择区域：包括 Load 按钮、Save 按钮、Exp 按钮、Print 按钮和 Simulation Set 按钮。

Load 按钮：载入以前保存的 S 参数数据（文件扩展名为 *.sp）到网络分析仪中。

Save 按钮：保存数据。

Exp 按钮：导出选中的参数组数据至文本文件。

Print 按钮：打印选择的图表。

Simulation set 按钮：单击该按钮，弹出 Measurement setup 对话框，如图 2-16 所示。可设置仿真的起始频率（Start frequency）、终了频率（Stop frequency）、扫描类型（Sweep type）（有线性和十倍程两种方式供选择）、单位取样点数（Number of points per decade）和特性阻抗（Characteristic impedance）。

（15）Agilent 函数信号发生器

Agilent 函数信号发生器（Agilent Function Generator）是以 Agilent 公司的 33120A 型函数发生器为原型设计的，它是一个高性能的、能产生 15MHz 多种波形信号的综合函数发生器。Agilent 函数信号发生器的图标和操作面板如图 B-17 所示。至于它的详细功能和使用方法，请参阅 Agilent 33120A 型函数发生器的使用手册。

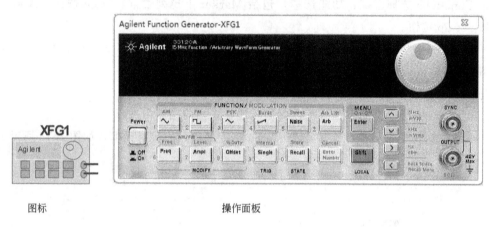

图 B-17　Agilent 函数信号发生器

（16）Agilent 数字万用表

Agilent 数字万用表（Agilent Multimeter）是以 Agilent 公司的 34401A 型数字万用表为原型设计的，它是一个高性能的、测量精度为六位半的数字万用表。Agilent 数字万用表的图标和操作面板如图 B-18 所示。至于它的详细功能和使用方法，请参阅 Agilent 34401A 型数字万用表的使用手册。

（17）Agilent 数字示波器

Agilent 数字示波器（Agilent Oscilloscope）是以 Agilent 公司的 54622D 型数字示波器为原型设计的，它是一个两路模拟通道、十六路数字通道、100MHz 数据带宽、附带波形数据磁盘外存储功能的数字示波器。Agilent 数字示波器的图标和操作面板如图 B-19 所示。至于它的详细功能和使用方法，请参阅 Agilent 54622D 型数字示波器的使用手册。

（18）Tektronix 数字示波器

Tektronix 数字示波器（Tektronix Oscilloscope）是以 Tektronix 公司的 TDS 2024 型数字示波器为原型设计的，它是一个四模拟通道、200MHz 数据带宽、带波形数据存储功能的液晶显示数字示波器。Tektronix 数字示波器的图标和操作面板如图 B-20 所示。至于它的详细功能和使用方法，请参阅 Tektronix TDS 2024 型数字示波器的使用手册。

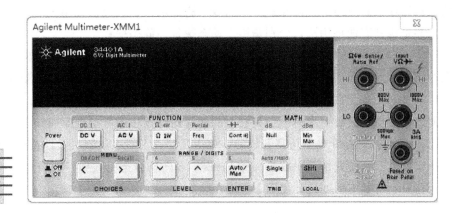

图标　　　　　　　　　　　操作面板

图 B-18　Agilent 数字万用表

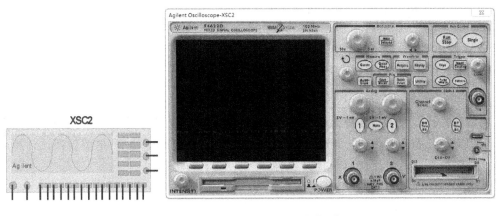

图标　　　　　　　　　　　操作面板

图 B-19　Agilent 数字示波器

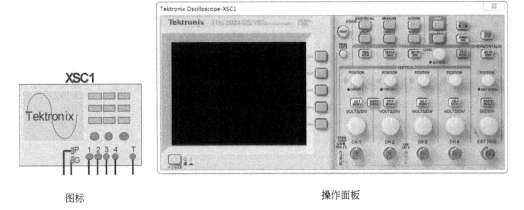

图标　　　　　　　　　　　操作面板

图 B-20　Tektronix 数字示波器

（19）测量探针

测量探针（Measurement Probe）是 Multisim 提供的极具特色的测量工具，它能够方便、快速地检查电路中不同支路、节点或引脚的电压、电流及频率。

测量探针有两种用法，分别是用作动态探针、静态探针。

① 动态探针只有在仿真执行过程中才有效。在电路仿真过程中，单击虚拟仪器工具栏上的测量探针按钮，在鼠标的光标点上就会出现一个带箭头的，显示被测量变量名称的浮动窗口，移动光标到目标测量点，浮动窗口内显示各变量的瞬时值。如图 B-21 所示。如果想取消此次测量，则再一次单击工具栏上的测量探针按钮即可。动态探针不能用于测量电流。

② 静态指针是在电路仿真开始前，单击仪器工具栏上的测量探针按钮，然后移动光标，在指定的电路连线或结点上放置探针 Probe。单击仿真运行按钮后，窗口内各变量的数据将随电路的运行状态而变化，如图 B-22 所示。

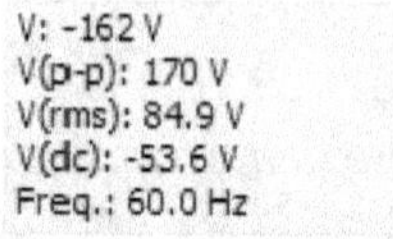

V: -162 V
V(p-p): 170 V
V(rms): 84.9 V
V(dc): -53.6 V
Freq.: 60.0 Hz

图 B-21　动态探针浮动窗口

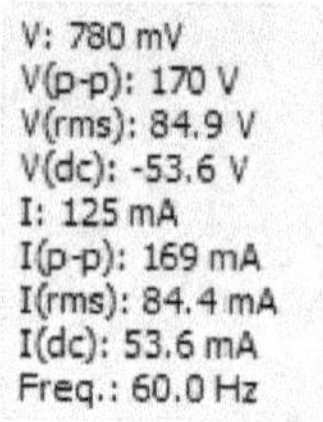

V: 780 mV
V(p-p): 170 V
V(rms): 84.9 V
V(dc): -53.6 V
I: 125 mA
I(p-p): 169 mA
I(rms): 84.4 mA
I(dc): 53.6 mA
Freq.: 60.0 Hz

图 B-22　静态探针浮动窗口

（20）电流探针

电流探针模拟的是能够将流过导线的电流转换成设备输出终端电压的工业用钳式电流探针。输出终端与示波器相连，其电流大小由示波器读数及探针的电压-电流转换比计算而得。电流探针图标及属性对话框如图 B-23 所示。

XCP1
Current Probe Properties
Ratio of voltage to current:
1
V/mA
Accept
Cancel

图标　　属性对话框

图 B-23　电流探针

电流探针的属性对话框中可设置输出电压对被测电流变换比，其默认值为 1V/mA。

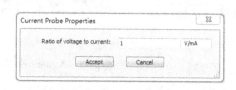

附录 C YB02-8 电工电子综合实验箱

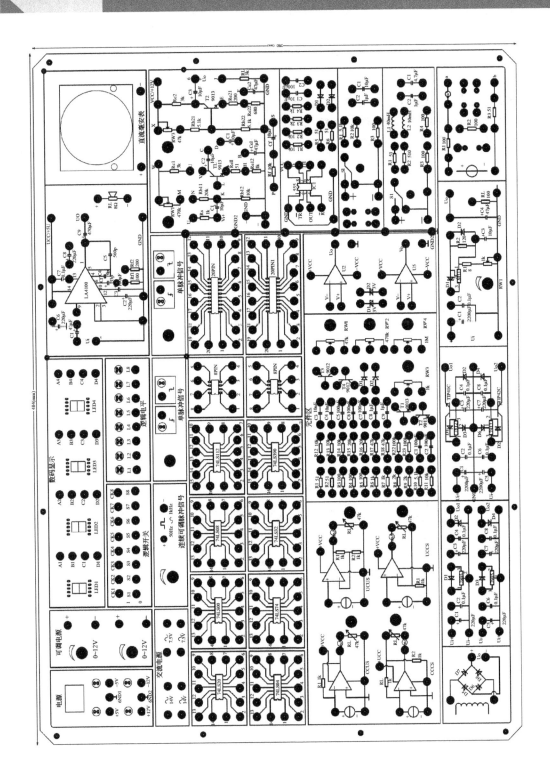

[1]　李庆常．数字电子技术基础．北京：机械工业出版社，2008.1

[2]　梁青，侯传教．Multisim 11 电路仿真与实践．北京：清华大学出版社，2012.1

[3]　周晓霞，蒋彦．数字电子技术实验教程．北京：化学工业出版社，2008.1